Erste Hilfe: Schritt für Schritt

1. Schritt

Vorbereitung auf den Notfall

➤ Lesen Sie in ruhigen Stunden immer wieder einmal das erste Kapitel durch.
➤ Richten Sie die Tierapotheke ein (Seite 7) und achten Sie auf Verfallsdaten.
➤ Legen Sie wichtige Telefonnummern (Tierarzt, Tierheim, Tierambulanz, Polizei) und dieses Buch der Tierapotheke für den Notfall bei.
➤ Üben Sie immer wieder die beschriebenen Untersuchungs- (Seite 16), Verbands- (Seite 21) und Sicherungsmaßnahmen (Seite 12) mit Ihrem Hund, damit sie ihm im Ernstfall nicht fremd sind.

2. Schritt

Einschätzung der Notfallsituation, wo finde ich was?

➤ Machen Sie sich erst ein Bild vom Ausmaß und der Schwere der Verletzungen.
➤ Wie Sie Ihren Hund untersuchen, finden Sie ab Seite 16.
➤ Bei der Diagnose helfen Ihnen die Schnelldiagnosetafeln (Seite 36).
➤ Bei unklaren Beschwerden bringt Sie das Inhaltsverzeichnis (Seite 2) zur richtigen Seite: Über die Einteilung Ganzer Hund/Kopf/Rumpf/Gliedmaßen/Geburt gelangen Sie zum jeweiligen Kapitelanfang, wo Sie ein detailliertes Verzeichnis der beschriebenen Notfallsituationen finden.
➤ Bei eindeutigen Beschwerden führt Sie das Sach- und Beschwerdenregister (Seite 92) direkt zur richtigen Seite.

3. Schritt

Notfallmaßnahmen ergreifen

➤ In schweren Fällen, etwa wenn Sie selbst wie unter Schock stehen, gehen Sie strikt nach Kapitel 2 (ab Seite 26) vor.
➤ Wichtige Methoden der Wiederbelebung finden Sie auf Seite 29.
➤ Sichern Sie das Tier gemäß Seite 12.
➤ Verbände legen Sie mit dem Material Ihrer Tierapotheke oder Ersatzstoffen gemäß den Seiten 21 bis 25 an.
➤ Maßnahmen für den konkreten Fall finden Sie bei den Notfallbeschreibungen (ab Seite 44).

Viel Erfolg
Anne Warrlich

Erste Hilfe für meinen Hund

➤ **Maßnahmen für die häufigsten Notfälle**

AUTORIN: DR. MED. VET. ANNE WARRLICH
FOTOS: CHRISTINE STEIMER
ZEICHNUNGEN: GYÖRGY JANKOVICS

Inhalt

Notfall-situationen … 44

Vorbereitung auf den Notfall

Was Sie für die Erste Hilfe brauchen

Notfälle ereignen sich meistens nachts, am Wochenende, wenn es regnet oder wenn weit und breit kein Mensch Ihnen hilfreich zur Seite stehen kann. In solcher Situation ist es wichtig, gut organisiert und vorbereitet zu sein. Wichtigster Teil der Vorbereitung auf den Ernstfall ist der Tier-Verbandskasten. Im Idealfall legen Sie sich jeweils einen eigenen Verbandskasten für zu Hause und im Auto zu. Wenn Sie im Auto auch noch einen festen Platz für eine Decke finden und diese immer mit sich führen, sind Sie für alle widrigen Fälle bestens gerüstet.

Organisatorisches

Im Zeitalter der Handys sollten Sie die Telefonnummer Ihres Haustierarztes ebenso wie die der Auskunft Ihres Netzbetreibers schon vorab fest einspeichern. Erkundigen Sie sich jedoch auch, wie Ihr Tierarzt im Notfall außerhalb der Sprechzeiten zu erreichen ist. Legen Sie vorsichtshalber einen Zettel mit allen wichtigen Telefonnummern auch in die Tierapotheke und in Ihren Wagen.

Checkliste

Wichtige Notrufnummern

- Tierarzt (Praxis und sonst)
- Tierklinik
- Polizei, Feuerwehr
- Nächstes Tierheim

Auch aus harmlosem Spiel kann eine Notfallsituation werden.

Im Ernstfall bewährt sich eine gute Vorbereitung.

Checkliste

Das gehört in die Tierapotheke

- Mullkompressen
- Mullbinden, elastische Binden
- Selbsthaftende Binden
- Wasserfestes Klebeband
- Synthetische Polsterwatte
- Verbandswatte
- Verbandsschere
- 1-prozentige Wasserstoffperoxid-Lösung
- Wundsalbe
- Physiologische Kochsalzlösung
- Fieberthermometer
- Pinzette (Spitzen abgerundet)
- Hot/Cold Pack (aus Apotheke)
- Maulkorb in passender Größe
- Zeckenzange
- Einmalhandschuhe
- Einmalspritze (5 oder 10 ml)

Die Tierapotheke

Auch wenn die Ausstattung der Tierapotheke einer Hausapotheke für Menschen ähnelt: Es ist nicht jedermanns Sache, etwa das Fieberthermometer mit dem Hund zu teilen. Fragen Sie Ihre Familie! Bewahren Sie die Tierapotheke an einem Standort auf, der allen Familienmitgliedern bekannt und jederzeit leicht zugänglich ist. Achten Sie auch darauf, den Inhalt Ihrer Apotheke jährlich auf seine Haltbarkeit zu prüfen und verfallene Produkte gegebenenfalls zu ersetzen.

Wichtig:

- Verwenden Sie zur Desinfektion keine Sprays: Das Zischgeräusch verängstigt Hunde.
- Statt Binden können notfalls auch Kleidungsstücke wie T-Shirt, Krawatte oder BH eingesetzt werden. Beispiele finden Sie immer wieder im Buch.

Das darf auch in Ihrer Tierapotheke nicht fehlen.

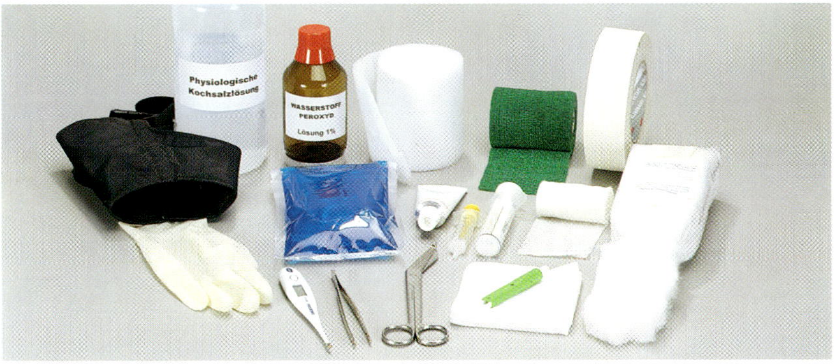

Rechtsfragen zur Ersten Hilfe

Wenn ein Tier verletzt wird oder in Not gerät, ist es nur verständlich, dass man ihm helfen will. Lässt sich der Besitzer dieses Tieres aber nicht gleich ermitteln, kann das ungeahnte Probleme mit sich bringen. Sie sollten schon vorher die rechtliche Lage kennen, um nicht hinterher der Dumme zu sein.

Pflicht zur Hilfeleistung

Einem verunfallten Tier muss Hilfe geleistet werden. Eine Unterlassung der Hilfeleistung kann (nach § 323c StGB) strafrechtlich verfolgt werden. Die Hilfeleistung muss im Rahmen des Erforderlichen und Zumutbaren geschehen.
Dazu kann auch gehören, ein verletztes Tier so schnell wie möglich zum Tierarzt zu bringen. Man handelt dabei als »Geschäftsführer ohne Auftrag« (§ 677 BGB) im Interesse des Hundehalters und muss davon ausgehen, dass diesem an der Genesung seines Tieres gelegen ist.
Dem Tierarzt gegenüber wird man durch das Aushändigen des verletzten Tieres aus juristischer Sicht zum Auftraggeber, so dass man zunächst einmal das Honorar des Tierarztes bezahlen muss.

Kostenerstattung vom Halter

Für alle Schäden und Kosten, die ein privat gehaltenes Tier verursacht, muss gemäß Tierhalterhaftung (§ 833 BGB) der Hundehalter aufkommen oder Schadensersatz leisten.
Dies gilt auch, wenn Sie durch ein Fundtier verletzt werden oder Ihnen – wie beim Tierarzt – Kosten entstanden sind. Zur Erstattung ist der Halter (nach § 683 BGB) in jedem Fall verpflichtet, auch wenn er den Aufwand oder die Kosten hierzu für überhöht oder sogar für unverhältnismäßig ansieht.
Es gibt allerdings einige Voraussetzungen dabei: Sie müssen den Hundehalter ausfindig machen und er muss über eine Haftpflichtversicherung oder ausreichende finanzielle Mittel verfügen. Andernfalls ist der Helfer der Dumme und muss den Schaden selbst tragen.

Hunde und Kinder: Bei Unfällen haftet der Hundehalter.

Andere Kostenträger

In vielen Landkreisen werden die Behandlungskosten bei Fundtieren, deren Besitzer nicht feststellbar ist, freiwillig von der Gemeinde oder dem örtlichen Tierschutzverein übernommen. Allerdings arbeiten diese Institutionen manchmal nur mit bestimmten Vertragstierärzten zusammen. Ein gesetzlicher Anspruch auf Erstattung von diesen Stellen besteht nicht, auch wenn Gerichte in Ausnahmefällen (konkreter Notfall, sofortiges Handeln aus Tierschutzgründen unbedingt erforderlich) schon mal für die Erstattung durch die Gemeinde entschieden haben. Wenn Sie den Fund eines verletzten Tieres der nächsten Polizeidienststelle melden, kann die Sie darüber aufklären, wie solche Fälle regional geregelt werden.

So gehen Sie bei verletzten Fundtieren vor

➤ Informieren Sie die nächste Polizeidienststelle über den Fall. Fragen Sie nach den lokalen Regelungen für Fundtiere. Die Polizei selbst ist nur dann verpflichtet, sich solcher Hunde anzunehmen, wenn von dem Tier oder für das Tier eine konkrete Gefahr ausgeht.
➤ Informieren Sie darüber hinaus das nächstgelegene Tierheim. Die Heime verfügen manchmal über einen Notdienst, der ein verletztes herrenloses Tier abholt.
➤ Lässt der Hund sich nicht anfassen oder knurrt: Holen Sie mindestens eine weitere Person zu Hilfe, bevor Sie etwas unternehmen.
➤ Sehen Sie am Halsband nach, ob ein Adressanhänger befestigt oder auf der Innenseite des Halsbands die Adresse des Besitzers geschrieben steht.
➤ Fragen Sie Passanten, ob ihnen der Hund bekannt ist. Sehr häufig liegt die Unfallstelle nahe dem Wohnort des Tieres.
➤ Kein Fundtier ohne Meldung beim Ordnungsamt behalten.

Beim Tierarzt

Informieren Sie auf jeden Fall den Tierarzt vor der Behandlung darüber, dass es sich um ein Fundtier handelt. Erklären Sie, dass Sie nicht bereit oder in der Lage sind, selbst für die Kosten der anstehenden Behandlung aufzukommen. Im Notfall ist ein Tierarzt immer zur Hilfe verpflichtet, selbst auf die Gefahr hin, dass der Hundehalter die Kosten nicht tragen kann oder will.

Unfälle verhüten

Effektiver als jede Erste Hilfe ist, es gar nicht erst zu einem Unfall kommen zu lassen. Sie können mehr dazu beitragen, als Sie vielleicht glauben: In der Mehrzahl der Unfälle mit Hunden hatte der Besitzer sein Tier nicht im Griff; es machte sich selbstständig und verursachte einen Unfall. Viele Unfälle gehen auch auf das Konto der Unachtsamkeit von Hundebesitzern: Hitzschlag im geschlossenen Auto oder unterlassenes Anleinen in unübersichtlichen Situationen sind klassische Beispiele. Bereits einige wenige Regeln und die Grunderziehung eines Hundes können diese Art von Unfällen praktisch völlig verhindern.

TIPP
Wann immer die Lage für Sie unübersichtlich wird: den Hund anleinen oder sitzen lassen.

Regeln zur Unfallverhütung

1. Jeder Hund sollte seinem Besitzer gehorchen.
2. An belebten Straßen, an Bahnübergängen und in Fußgängerzonen den Hund anleinen.
3. Manche Hunde sind mit Fahrrädern oder Pferden nicht verträglich: rechtzeitig anleinen!
4. Hunde auf einem Spaziergang nicht unkontrolliert fressen lassen.
5. Reinigungs-, Lösungs-, Arzneimittel und Gifte immer außerhalb der Reichweite des Hundes aufbewahren.
6. Nach dem Fressen den Hund nicht toben, sondern ruhen lassen.
7. Bei jungen Hunden die Wohnung sichern wie bei einem Kleinkind.
8. Auf Impfschutz gegen Tollwut achten; Impfungen mindestens 1-mal jährlich wiederholen.
9. Einen Hund im Sommer niemals (auch nicht für 5 Minuten!) im Auto eingesperrt lassen.

Hundeerziehung – lebensrettend für Ihren Hund

Sie können das Verhalten Ihres Hundes – zu seinem eigenen Wohl – nur dann beeinflussen, wenn er Ihnen in den entscheidenden Situationen gehorcht. Dazu muss er ein Minimum an grundlegenden Kommandos beherrschen, sonst kann der tägliche Spaziergang zum lebensgefährlichen Ereignis werden. Wie Sie Ihrem Hund die wichtigen Befehle selbst beibringen können, entnehmen Sie bitte einem geeigneten Buch zur Hundeer-

Das wird in der Hundeschule geübt: Fuß, der Hund geht dicht bei seinem Besitzer.

Sitz: Der Hund hockt auf den Hinterbeinen, die Vorderbeine sind gestreckt.

Platz: Der Hund ruht auf allen vier Gliedmaßen.

Bleib: Der Hund verbleibt in der letzten Position, auch wenn sich der Besitzer entfernt.

ziehung (Bücher, Seite 95). Einfacher ist es jedoch, mit dem Hund eine Hundeschule zu besuchen. Derartige Schulen gibt es in nahezu allen Städten und Landkreisen. Auskunft erhalten Sie aus Telefonbüchern oder bei Gemeinden, Landratsämtern und Tierärzten.

Checkliste

Das muss Ihr Hund beherrschen

Sitz: Hinsetzen

Platz: Hinlegen

Fuß: dicht neben dem Besitzer herlaufen

Bleib: sich nicht von der Stelle rühren

Auch Hundesportvereine bieten Erziehungskurse für Hunde aller Rassen an. Die Teilnahme ist für Hund und Herrchen immer gewinnbringend, da Sie für viele problematische Alltagssituationen ganz konkrete Anleitungen bekommen, Gleichgesinnte treffen und bei Problemen sofort nachfragen können.

Einen verletzten Hund sichern

Selbst wenn Sie meinen, Ihr Hund sei ganz brav und lasse sich alles gefallen: Lesen und üben Sie die Empfehlungen in diesem Abschnitt. Ein verletzter Hund kann ganz anders reagieren, als Sie es von ihm gewohnt sind. Und wenn Sie einem fremden Hund helfen, wissen Sie sowieso nicht, wie er sich verhält.

Immer wenn Sie bei einem verletzten Hund einen Verband anlegen, eine Verletzung genauer ansehen oder ihn am Weglaufen hindern wollen, müssen Sie Sicherungsmaßnahmen ergreifen.

Diese Maßnahmen schränken das verletzte Tier in seiner Bewegungsfreiheit ein und werden deshalb oft auch als »Zwangsmaßnahmen« bezeichnet. Ein verletzter Hund darf jedoch weder Sie noch andere Hilfspersonen in Gefahr bringen können (zur rechtlichen Situation: Seite 8).

Schnauze zubinden

Das Zubinden der Schnauze ist eine Vorsichtsmaßnahme, um das Gebiss des Hundes außer Gefecht zu setzen. Richtig durchgeführt, hat die Maßnahme keinerlei Einfluss auf die Atmung (Ausnahme: beim Hecheln), da das Schnauzband auf dem

Beim Zubinden der Schnauze wird ein Tuch oder eine Binde von unten um die Schnauze gelegt und oben zusammengezogen,

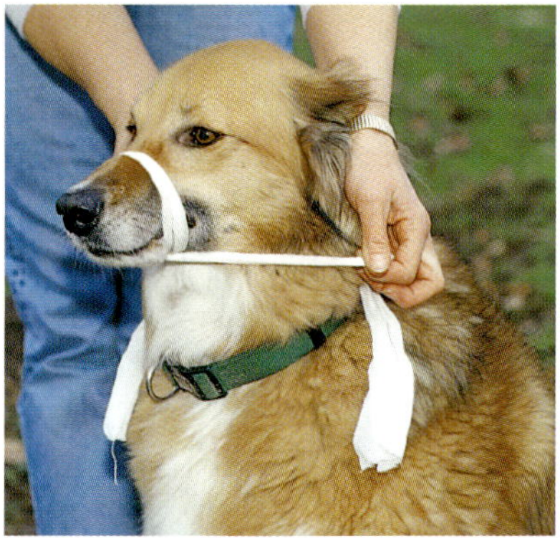

die freien Enden unter der Schnauze gekreuzt und nach hinten gezogen,

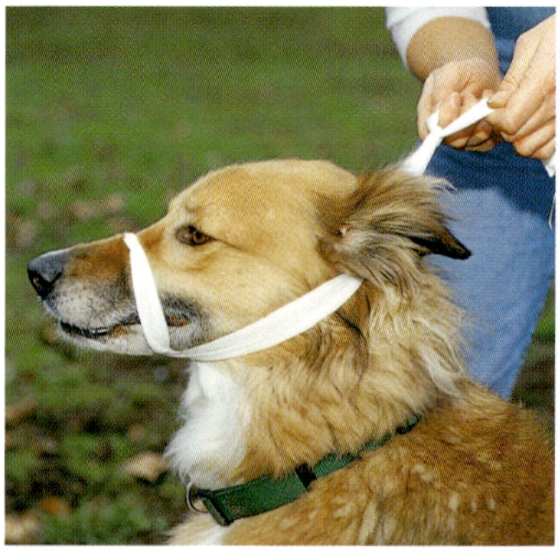

unter den Ohren durchgeführt und hinter dem Kopf verknotet.

Checkliste

Sicherungsmaßnahmen

➤ Schnauze zubinden
➤ Maul öffnen
➤ Fixieren
➤ Hinlegen und am Aufstehen hindern

knöchernen Teil der Nase verläuft und auf diese Weise nicht die Luft abschnüren kann.

Sicherungsmaßnahmen können mit jeder Hunderasse durchgeführt werden.

Erforderlich bei:
➤ misstrauischen Hunden
➤ Hunden, die sich nicht von Fremden anfassen lassen
➤ Hunden mit schmerzender Verletzung (der Hund könnte beißen)
➤ fremden Hunden

Nicht durchführen bei:
➤ Bewusstlosigkeit
➤ Atemnot (Hund muss Hecheln können)
➤ Erbrechen

So wird's gemacht: Nehmen Sie eine Binde, einen langen Strick, eine Leine oder Krawatte und formen Sie eine Schlinge (Foto Seite 12 oben und Mitte). Die Schlinge führen Sie über die Schnauze des Hundes bis kurz vor die Augen, wobei der Knoten oben liegt. Nun ziehen Sie die Schlinge so fest zu, dass der Hund das Maul nicht mehr öffnen kann. Die beiden losen Enden werden unter dem Maul überkreuzt, hinter den Ohren wieder nach oben geführt und dort verknotet (Foto Seite 12 unten). Machen Sie als Abschluss am besten eine Schleife, damit Sie den Hund später ohne große Probleme wieder aus seiner misslichen Lage befreien können.

TIPP
Bei zu lockerem Sitz kann der Hund sein Maul trotzdem öffnen und beißen oder sich das Schnauzband mit den Pfoten von der Nase streifen.

Maul öffnen

Hunde mögen es meist nicht, wenn man ihnen das Maul öffnet. Sie klemmen die Kiefer fest zusammen, knurren, schnappen oder beißen eventuell sogar.

Erforderlich bei:
➤ Fremdkörper in der Mundhöhle
➤ jeder Kontrolle der Mundschleimhaut

So wird's gemacht: Greifen Sie mit einer Hand von oben über die Schnauze des Hundes und schieben Sie seine Lefzen (Seite 94) über die Oberkieferzähne hinweg zwischen die Backenzähne von Ober- und Unterkiefer. Ab jetzt wird der Hund nicht mehr zubeißen, weil er zuerst die eigenen Lefzen trifft. Nun umfassen Sie mit der anderen Hand den Unterkiefer von unten hinter den langen Eckzähnen und drücken ihn nach unten. Auf diese Weise erhalten Sie einen recht guten Blick in die Mundhöhle des Hundes.

Schon um die Zähne regelmäßig zu kontrollieren, sollten Sie mit Ihrem Hund das Öffnen des Mauls immer wieder trainieren. Wenn Sie mit dem Training anfangen, gehen Sie sanft vor und beginnen – wenn möglich – bereits im Welpenalter. Sie werden sehen, nach einigen Trainingseinheiten brauchen Sie den Lefzentrick gar nicht mehr anzuwenden. Ihr Hund wird sich das Maul freiwillig öffnen lassen, weil er gelernt hat, dass nichts Schlimmes dabei passiert.

Fixieren

Sie können einem Hund nur helfen, wenn Sie ihn unter Kontrolle haben. Verletzte Hunde geraten jedoch leicht in Panik. Sie versuchen, vor dem Schmerz wegzulaufen und sich zu verstecken. Deshalb müssen Sie einen verletzen Hund als Erstes anleinen.

Erforderlich bei:

➤ allen verletzten Hunden

So wird's gemacht: Vergewissern Sie sich, dass der Hund sein Halsband nicht über den Kopf streifen kann. Befestigen Sie dann die Leine am Halsband und wickeln Sie die Leine 2- bis 3-mal um einen fest verankerten Gegenstand (Laternenpfahl,

So wird ein Hund am Laternenmast fixiert.

Beim Maulöffnen die Lefzen über die Zähne ziehen.

Baum, Zaunpfosten oder auch eine Autostoßstange). Sollte der Hund wild um sich beißen, hilft oft kein Schnauzband (Seite 12). Ziehen Sie in diesem Fall an der Leine, bis der Hals des Hundes eng an der Verankerung anliegt (Foto Seite 14 rechts).

Hinlegen und am Aufstehen hindern

In manchen Fällen kann es nötig sein, einen verletzten Hund in Seiten- oder Rückenlage zu bringen. Wenn Art und Ort der Verletzung oder die Panik des Hundes ein »Platz« gehen mit anschließendem Umdrehen auf den Rücken nicht zulassen, müssen Sie zu einem Trick greifen. Damit können Sie Ihren Hund niederlegen, ohne ihn oder sich zu verletzen.

Erforderlich bei:
➤ der Untersuchung von Verletzungen am Bauch
➤ dem Anlegen von aufwendigen Verbänden

So wird's gemacht: Sie stehen oder knien vor der Flanke des Hundes und beugen sich über ihn. Fassen Sie über den Rücken hinweg das Vorder- und Hinterbein der Ihnen zugewandten Seite. Das Beinpaar ziehen Sie unter dem Körper des Hundes hindurch, bis er auf Ihre Seite kippt. Mit Ihren Schenkeln und dem Oberkörper stützen Sie den Hund ab und lassen ihn sanft zu Boden gleiten.
Damit er nicht sofort wieder aufsteht, halten Sie seine unten gelegenen Beine gestreckt. In dieser Position kann kein Hund wieder aufstehen.
Anfangs zappeln viele Hunde und versuchen, sich aus dieser Lage zu befreien. Hier kann es hilfreich sein, wenn eine Hilfsperson die Schulter des Hundes auf den Boden drückt.
Die Hunde finden sich aber meist schnell mit der Situation ab.

TIPP
Eine Hilfsperson hält die Leine vorsichtshalber immer straff gespannt, während der Hund von hinten festgehalten und untersucht wird.

Um einen Hund niederzulegen, ziehen Sie ein Beinpaar unter seinem Körper durch.

Mit gestreckten Beinen kann kein Hund aufstehen.

Hunde untersuchen

Es ist manchmal nicht leicht, einem Hund anzusehen, ob ihm etwas fehlt. Meist sind es zunächst kleine Veränderungen im Verhalten oder Allgemeinbefinden, die nur dem aufmerksamen Hundebesitzer auffallen. Ist erst mal Verdacht geschöpft, helfen verschiedene Methoden, das Problem ausfindig zu machen.

Auffälligkeiten im Verhalten

Wenn Ihnen Störungen im Allgemeinbefinden Ihres Hundes auffallen, ist er wahrscheinlich krank. Zur genauen Beurteilung sind folgende Fragen hilfreich:

➤ Zeigt der Hund Husten, Atembeschwerden, Zittern, übermäßiges Hecheln, Schwäche, Gliederzittern oder Ausfluss aus Körperöffnungen?
➤ Verhält sich das Tier anders als sonst?
➤ Sind Durst, Fressverhalten, Urin- und Kotabsatz normal?
➤ Reagiert er schmerzhaft bei Berührung bestimmter Körperteile?
➤ Ist er munter, oder liegt er teilnahmslos herum?

Jede Veränderung des normalen Verhaltens eines Hundes kann ein wertvoller Hinweis auf eine gesundheitliche Störung sein. Dazu zählen sowohl »Kleinigkeiten« wie langes Herumliegen oder Gehfaulheit als auch »Unannehmlichkeiten« wie plötzliche Gier beim Fressen oder ausbleibender Kotabsatz.
Notieren Sie sich deshalb alle Auffälligkeiten und teilen Sie diese dem Tierarzt mit.

Normalwerte eines Hundes

Wie beim Menschen, können die wichtigsten Lebensfunktionen (Körpertemperatur, Puls und Atmung)

Checkliste

Normalwerte beim Hund

Körpertemperatur: 37–39 °C

Pulsfrequenz: 70–120 Schläge pro Minute (je kleiner der Hund, desto höher die Pulsfrequenz)

Herzfrequenz: wie Pulsfrequenz

Schleimhäute: rosarot

Atemfrequenz: 15–40 Atemzüge pro Minute (je kleiner der Hund; desto höher die Atemfrequenz)

auch beim Hund gemessen und zur Beurteilung des Gesundheitszustandes herangezogen werden. Die Werte sind beim Hund jedoch weit weniger aussagekräftig, da sie im Falle einer Erkrankung oft nicht verändert sind, bei körperlicher Anstrengung, Stress und Aufregung jedoch bereits ansteigen können.

Temperaturmessung

Die Temperatur des Hundes wird – wie beim Menschen – zum Feststellen von Fieber oder Untertemperatur gemessen und am besten mit einem Digitalthermometer im After ermittelt.

So wird's gemacht: Etwas Creme oder Vaseline macht das Thermometer gleitfähig, so dass es sich 1 bis 2 cm tief in den After einführen lässt. Achten Sie darauf, dass Ihr Hund sich beim Fiebermessen nicht hinsetzt und sich mit dem Thermometer nicht verletzt. Warten Sie bei Digitalthermometern den Piepton ab, der anzeigt, wann das Gerät den Messvorgang beendet hat.

➤ **Erhöhte Temperatur.** Die normale Körperinnentemperatur kann schon bei Hitze, Aufregung, Stress und körperlicher Arbeit erhöht sein, ohne dass der Hund krank ist.

➤ **Erniedrigte Temperatur.** Der Körper kann sich einer kalten Außentemperatur nicht mehr anpassen, Muskel- und Verbrennungsarbeit sind stark vermindert. Untertemperatur ist immer ein Warnsignal, das auf keinen Fall übergangen werden darf: Sie sollten unverzüglich den Tierarzt verständigen!

Wichtig: Es ist nicht ratsam, die Temperatur an anderer Stelle (unter der Zunge, in der Achselhöhle, im Ohr) zu messen, weil hier gemessene Werte von der Messung im After erheblich abweichen. Verwenden Sie wegen der Bruchgefahr keine Glasthermometer.

Pulsmessung

Der Puls ist ein Maß für die Kreislaufsituation des Hundes. Das Tasten des Pulses ist nicht ganz einfach und erfordert etwas Übung, Sie sollten es beim gesunden Hund gelegentlich üben.

Der Puls wird beim Hund am Oberschenkel gemessen.

So wird's gemacht: Beim Hund ist der Puls am besten an der Arterie tastbar, die an der Innenseite des Hinterlaufs ziemlich genau in der Mitte liegt. Legen Sie Ihre flache Hand auf die Innenseite des Oberschenkels, die Finger umfassen das Knie. Nun ziehen Sie Ihre Hand langsam zurück, dabei gleiten die Finger über verschiedene Strukturen des Oberschenkels. Sie sind an der Oberschenkelarterie angekommen, wenn Sie bei leichtem Druck mit den Fingern die wellenförmige Bewegung in der Arterie tasten können. Je nach Größe des Hundes ist die Arterie etwa zwischen 2 und 7 mm dick. Zählen Sie die Pulsschläge über eine halbe Minute und verdoppeln Sie den gemessenen Wert. Auf diese Weise erhalten Sie den Puls pro Minute.

➤ **Erhöhter Puls.** Bei Hitze, Fieber, Stress, Anstrengung, Herzerkrankungen, Schock, Schmerzen.

Mit etwas Übung lässt sich der Herzschlag auch direkt ertasten.

➤ **Erniedrigter Puls.** Trainierte Hunde während Ruhephasen (Sportlerherz), Unterkühlung, Krankheiten innerer Organe (etwa Herz), Spätphase von Schock, kurz vor dem Tod.

➤ **Fehlender Puls.** Kommt vor bei Messfehler, massivem Kreislaufproblem, Tod.

Herzfrequenz

Wenn Sie keinen Puls fühlen können, müssen Sie das Herz direkt abhören. Es liegt zu zwei Drittel auf der linken Körperseite, etwa in Höhe des Ellenbogengelenks zwischen der dritten und der sechsten Rippe.

So wird's gemacht: Legen Sie den Hund auf seine rechte Körperseite. Ertasten Sie vom Anfang des Brustkorbs beginnend den etwa handtellergroßen Raum zwischen der dritten und der sechsten Rippe. Legen Sie an dieser Stelle Ihr Ohr dicht auf den Brustkorb und achten Sie auf einen charakteristischen Doppelschlag. Wie beim Pulsmessen zählen Sie die Herzschläge eine halbe Minute lang und verdoppeln den Wert, um die Herzfrequenz pro Minute zu erhalten. Bei schlanken Hunden kann man den Herzschlag auch fühlen oder als Herzspitzenstoß sogar sehen.

➤ **Veränderte Herzfrequenz.** Wie bei der Pulsmessung (oben).

Brauche ich ein Stethoskop?

Ein Stethoskop ist nichts anderes als ein verlängerter Schalltrichter. Damit lassen sich Herz- und Atemgeräusche deutlicher als mit dem Ohr abhören. Die Geräte kosten zwischen 30 und 200 DM (15–100 EUR) und sind über Sanitätshäuser, Apotheken, Ihren Arzt oder Tierarzt erhältlich. Bei normaler Hörfähigkeit ist ein Stethoskop nicht wirklich nötig.

Atemfrequenz

Die Atmung eines Hundes gibt Aufschluss über seine Sauerstoffversorgung. Bei der Atmung von Hunden sieht man das Heben und Senken sowohl der Rippen als auch des Bauchs. Zur Zählung beobachtet man am besten die Bewegungen des Brustkorbs.

So wird's gemacht: Zählen Sie eine halbe Minute lang, wie oft der Brustkorb sich hebt. Verdoppeln Sie diesen Wert und Sie erhalten die Atemfrequenz des Hundes pro Minute. Die Atmung kann auch an der Nase überprüft werden: Legen Sie Hand oder Wange an den Nasenspiegel und achten Sie, ob Luft aus der Nase strömt.

➤ **Atmung unregelmäßig.** Die Atemzüge sollten ruhig und regelmäßig sein. Starkes Pressen mit dem Bauch oder auffällig übertriebenes Anheben des Brustkorbs bei der Einatmung sind Hinweise auf Schmerzen, Schock, Herz- oder Lungenerkrankungen.

➤ **Atmung zu schnell (Hecheln).** Das starke Heben und Senken des Brustkorbs sowie die beschleunigte Atmung beim Hecheln regeln die Körpertemperatur und sind bei hohen Außentemperaturen oder nach Anstrengung normal. Hecheln kann auch auf Schmerzen, eine Herz- oder eine Lungenerkrankung hinweisen.

➤ **Atmung zu langsam.** Bei Narkose, Schock, Verletzungen des Brustkorbs, kurz vor dem Tod.

➤ **Atmung kaum oder nicht wahrnehmbar.** Bei einem schweren Schock oder im Koma kann die Atmung vor allem bei langhaarigen Tieren nicht mehr sichtbar sein, weil der Hund sehr oberflächlich atmet und keine tiefen Atemzüge mehr macht. Trotzdem atmet Ihr Hund noch! Überprüfen Sie mit allen beschriebenen Methoden!

➤ **Atmung stoßweise.** Die wie ein Schluckauf aussehende komatöse Schnappatmung kommt stoßweise und kurz vor dem Tod. Die Atemfrequenz ist extrem herabgesetzt, es werden nur noch wenige, aber sehr tiefe Atemzüge gemacht.

Farbe der Schleimhäute

Schleimhäute kleiden das Innere von Hohlorganen wie Mundhöhle, Darm, Lunge oder Scheide aus und werden von Drüsen feucht gehalten. Ihre Farbe gibt beim Hund Auskunft über die Kreislaufsituation und die Versorgung mit Sauerstoff, sie kann deshalb bei Erkrankungen, Entzündungen und Vergiftungen verändert sein. Prägen Sie sich bei Ihrem gesunden Hund die Farbe ein, dann können Sie im Krankheitsfall beurteilen, ob eine Veränderung aufgetreten ist.

So wird's gemacht: Zur Beurteilung der Schleimhautfarbe wird am besten die Mundhöhle inspiziert. Aber auch die Schleimhäute der Augen, des Afters oder der Scheide sind geeignet. Die Schleimhäute eines gesunden Tieres müssen rosarot, feucht, glatt, glänzend und ohne sichtbare Auflagerungen wie Eiter oder Schorf sein.

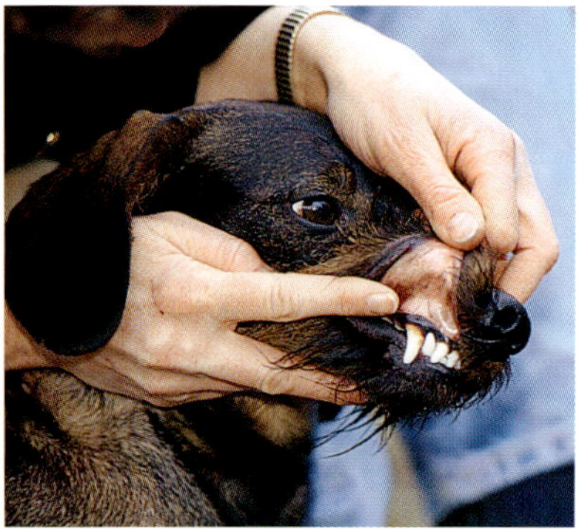

So sehen Sie die Farbe der Schleimhäute.

➤ **Rosarote Schleimhäute.** Sie weisen auf einen funktionierenden Kreislauf und eine normale Anzahl roter Blutkörperchen hin. Feuchtigkeit und Glätte kommen von einem dünnen Schleim, der bei normaler Funktion die Schleimhäute überzieht.
➤ **Schleimhaut schwarz.** Bei manchen Hunderassen sind die Schleimhäute durch eingelagerte Pigmente in erheblichem Umfang schwarz gefärbt. Dies ist kein Krankheitszeichen! Ziehen Sie zur Beurteilung der Schleimhäute nur eine pigmentfreie Stelle heran oder weichen Sie (etwa bei den vollständig pigmentierten Chow Chows) auf die Schleimhäute der Augen oder des Afters aus.
➤ **Schleimhaut bläulich.** Fremdkörper im Kehlkopf, Lungenerkrankung, Atemnot, Herzproblem.
➤ **Schleimhaut blass.** Blutarmut, Schock, Vergiftung, größere Blutung.
➤ **Schleimhaut trocken und matt.** Hitze, Flüssigkeitsverlust, manchmal nach Erbrechen.
➤ **Schleimhaut rot.** Vergiftung, Entzündung der Mundhöhle, Erkrankung innerer Organe.
➤ **Auflagerungen.** Zähe pappige Beläge können auf Entzündung, Vergiftung oder einen Fremdkörper in der Mundhöhle hinweisen.
➤ **Schleimhaut blutig** (Schleimhaut blutet auf Druck mit dem Finger). Hochgradige Entzündungen (vor allem im Maulbereich), Vergiftungen.

Wichtige Verbände

Das Anlegen von Verbänden ist nicht besonders schwierig. Trotzdem sollten Sie es mit Ihrem Hund gelegentlich üben, damit Sie beide im Notfall die Handgriffe gewohnt sind.

Druckverband bei starker Blutung

Besonders eindrücklich und gefährlich sind arterielle Blutungen. Da Arterien unter Druck stehen, tritt mit jedem Herzschlag ein Schwall Blut aus. Der Druckverband übt auf das blutende Gefäß einen Gegendruck aus, so dass die körpereigene Blutgerinnung das Blutgefäß von innen verschließen kann.

Checkliste

Druckverband

- Mullkompresse zum Abdecken
- Mullkompressen oder Rolle Mullbinde als Polster (ersatzweise: Socken oder Unterhose)
- Elastische Binde zum Verbinden: (ersatzweise: BH, Schal, T-Shirt oder Textil-Hundeleine)

So wird's gemacht: Auf die blutende Stelle legen Sie eine sterile Mullkompresse, polstern im Idealfall mit weiteren Lagen von Kompressen und befestigen diese mit einer elastischen Binde aus der Tierapotheke. Ziehen Sie die Binde fest an und schließen Sie den Verband mit einer Schlinge ab (Foto unten). Die Schlinge ziehen Sie so fest wie möglich zu. Bereits nach kurzer Zeit tritt kein Blut mehr aus der Wunde aus.

Wichtig: Den Notdruckverband keinesfalls länger als 30 Minuten auf der Wunde belassen, da sonst das umliegende Gewebe abstirbt. Begeben Sie sich schnellstmöglich zum Tierarzt, eine solche Blutung muss in der Regel chirurgisch versorgt werden. Wenn der Transport länger dauert, stoppen Sie die Fahrt und lösen Sie für eine Weile den Verband. Nur bei starker Blutung erneut einen Druckverband anlegen.

Dieser Notdruckverband wurde mit einem BH angefertigt. Er darf höchstens 30 Minuten befestigt sein.

Geschienter Verband bei Knochenbruch

Einen geschienten Verband legt man nur bei einem Knochenbruch mit folgenden Symptomen an:

➤ Hochgradige Lahmheit; die betroffene Gliedmaße wird nicht belastet.
➤ Ein Körperteil steht auffällig ab oder hängt herunter.
➤ Bruchstelle ist stark geschwollen.
➤ Das Bewegen der Bruchenden ist schmerzhaft und ruft ein schabendes Geräusch hervor.
➤ Ein geschienter Verband muss immer die dem Bruch benachbarten Gelenke mit einbeziehen. Liegt die Bruchstelle oberhalb von Ellenbogen- oder Kniegelenk, kann nicht geschient werden.

Checkliste

Geschienter Verband

➤ Mullkompresse für offene Wunden (ersatzweise: fusselfreier Stoff)

➤ Watte zum Polstern (kann auch entfallen)

➤ Elastische Binde (ersatzweise: Mullbinde, Vetrap®-Binde)

➤ Klebeband

➤ Schiene (einige Lagen Zeitungspapier zu einer stabilen Rolle formen; ersatzweise: Brett, Ast, Kochlöffel mit Watte polstern

So wird's gemacht: Zuerst eventuelle offene Wunden mit Mullkompressen abdecken. Dann mit einigen Lagen Watte (ersatzweise T-Shirt, Hemd, Pulli) das gesamte Bein gut polstern, die Schiene unter das Bein legen und alles mit einer elastischen Binde umwickeln (Foto). Die Binde gleichmäßig stramm anziehen. Schienenverbände müssen sehr fest sitzen, da rutschende Schienen mehr Schaden anrichten als sie nutzen.
Schienen aus gerolltem Zeitungspapier sind besonders ideal, da sie gleichzeitig weich, nachgiebig und stabil sind.

Beim Schienenverband die gepolsterte Schiene mit einbinden.

Pfotenverband

Der Pfotenverband ist bei allen Verletzungen (am häufigsten: Schnittverletzungen an den Ballen) der Pfoten angezeigt.

So wird's gemacht: Die Wunde wird nach Reinigung und Desinfektion mit einer Mullkompresse bedeckt. Dann legen Sie Streifen von Verbandswatte zwischen die einzelnen Zehen. Dies ist unerlässlich, da sonst nach dem Festziehen des Verbands die Zehen aneinander reiben und Druckgeschwüre erzeugen. Vergessen Sie

Checkliste

Pfotenverband

- ➤ Wundsalbe/Wunddesinfektionsmittel
- ➤ Mullkompresse für offene Wunden (fusselfreier Stoff)
- ➤ Verbandswatte
- ➤ Polsterwatte (Apotheke)
- ➤ Elastische Binde (ersatzweise: Mullbinde, Vetrap®)
- ➤ Klebeband

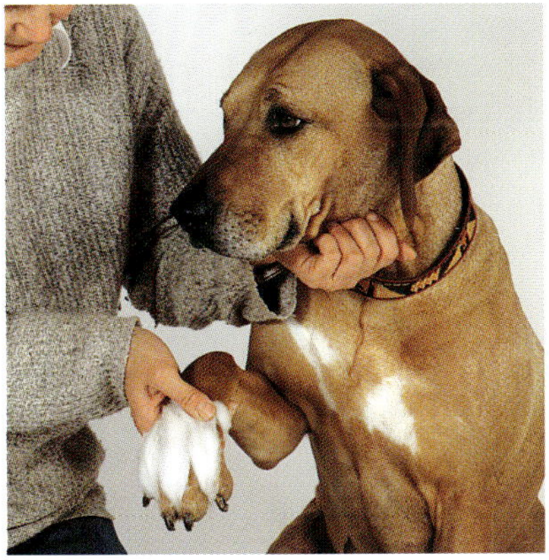

Watte zwischen den Zehen verhindert Reibung.

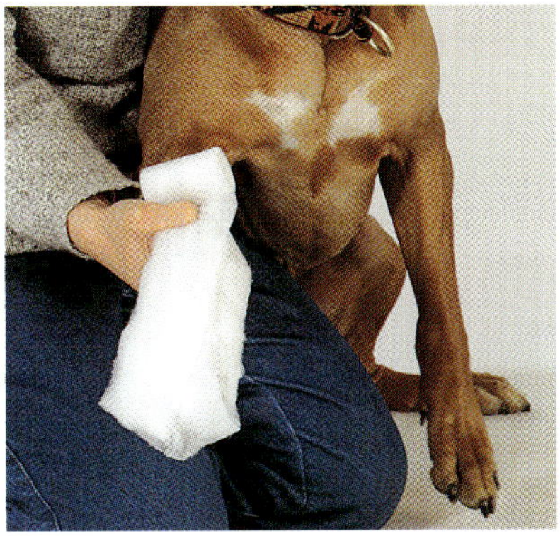

Den ganzen Fuß (mit Daumenkralle!) polstern.

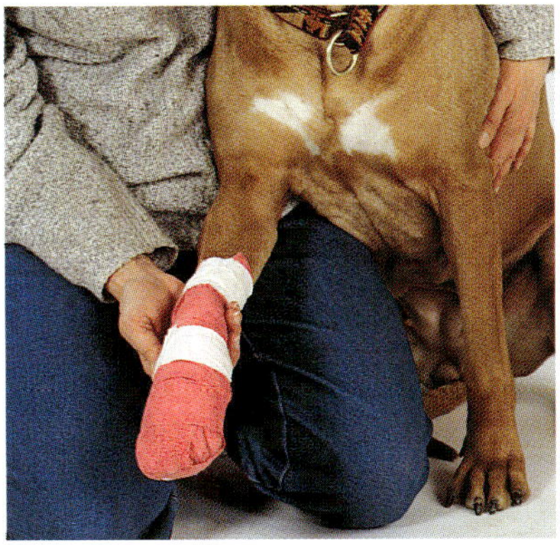

Die elastische Binde verhindert das Abrutschen.

nicht, eine eventuell vorhandene Daumenkralle ebenfalls mit Watte zu unterpolstern (Foto Seite 23 oben). Polstern Sie die Pfote etwa bis zum Handwurzel- oder Sprunggelenk mit mehreren Lagen synthetischer Polsterwatte (Foto Seite 23 Mitte) und umwickeln Sie diese mit einer elastischen Binde. Die Binde stramm anziehen, damit der Verband nicht zu locker ist: Er darf weder rutschen noch vom Hund abgeschüttelt werden.

Schließlich umwickeln Sie den Verband zum Nässeschutz mit Wasser abweisendem Klebeband. Statt des Klebebands können Sie auch einen Gummischuh oder Hundeschuh aus Wasser abweisendem Material über den Verband ziehen. Diese Schuhe sind im Zoogeschäft oder beim Tierarzt erhältlich. Entfernen Sie den Schuh in der Wohnung, sonst kommt zu wenig Luft an die Pfote.

Wenn ein bis zwei Finger gerade noch unter den Verband passen, sitzt er richtig.

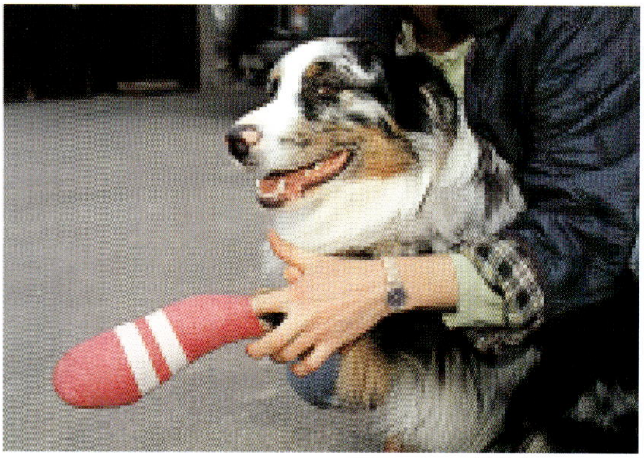

Wichtig:

➤ Zu feste Verbände schnüren wie ein Druckverband die Blutversorgung ab: Verband erneuern!

➤ Prüfen Sie den Sitz des Verbands: Lassen sich zwischen Hund und Verband nicht bis zu zwei Finger einschieben, müssen Sie einen neuen, etwas lockereren Verband anlegen.

➤ Einen nassen Verband unbedingt und möglichst bald wechseln, da Keime in den Verband eindringen und zu Entzündungen führen können.

Verbände am Kopf

Ein Verband am Kopf kann etwa bei stark blutenden Verletzungen des Ohrlappens oder Augenverletzungen notwendig sein. Jede Wunde muss zunächst gereinigt und desinfiziert werden.

➤ **Ohrverband:** Bei Hängeohren heben Sie zunächst das verletzte Ohr (zum Stehohr) hoch. Nun decken Sie die Wunde mit einer Mullkompresse ab und klappen das verletzte Ohr nach hinten, so dass der Ohrlappen mitten auf dem Kopf hinter den Augen zu liegen kommt. Um Kopf und Ohr wickeln Sie eine elastische Binde, einmal vor dem unverletzten Ohr vorbei, einmal dahinter. Der Verband muss einerseits fest genug sein (Verband darf nicht über die Augen rutschen, das verletze Ohr nicht

Checkliste

Kopfverbände

- Mullkompressen für offene Wunden (ersatzweise: fusselfreier Stoff)
- Elastische Binde (ersatzweise: Vetrap®, selbsthaftende Binde)
- Klebeband
- Mittel zur Wunddesinfektion/ Wundsalbe

herausrutschen) und sollte andererseits den Hund nicht erwürgen. Prüfen Sie die Festigkeit mit dem Finger! Befestigen Sie das Ende des Verbands mit einem Klebeband.

Der Kopfverband wird ohne Polsterung ausgeführt: immer auf zu festen Sitz prüfen!

➤ **Augenverband:** Bedecken Sie das Auge mit einer feuchten Mullkompresse und wickeln Sie eine elastische Binde um den Kopf (Foto). Gehen Sie dabei wie unter Ohrverband beschrieben vor.
Falls sich Ihr Hund keinen Augenverband anlegen läßt, setzen Sie ihm zumindest einen Halskragen auf, denn kleinere Augen- oder Lidverletzungen werden durch das Reiben mit den Pfoten dramatisch schlechter. Haben Sie keinen Halskragen zur Hand, können Sie notfalls auch einen Plastikeimer zurechtschneiden und mit einer Mullbinde um den Hals festbinden. Dabei auf scharfe Kanten achten.

Wichtig:

- Ein Kopfverband ist nicht gepolstert. Bei zu festem Sitz kann der Verband Ihren Hund erwürgen.
- Prüfen Sie immer wieder den Sitz des Verbands: Lassen sich zwischen Hund und Verband nicht zwei Finger einschieben, müssen Sie einen neuen, etwas lockereren Verband anlegen.
- Kopfverbände rutschen leicht ab, wenn der Hund durch intensives Kopfschütteln versucht, den lästigen Verband loszuwerden. Um dies zu vermeiden, können Sie die Ränder des Verbandes mit etwas Klebestreifen am Fell festkleben. Falls ihr Hund den Verband trotzdem abschütteln kann, müssen Sie ihm zusätzlich einen Halskragen (Seite 58) aufsetzen.

Erste Hilfe am Unfallort

Leben oder Tod?

Im gefürchtetsten aller Fälle liegt Ihr Hund oder ein fremdes Tier am Unfallort und rührt sich nicht mehr. Was ist zu tun?

Prüfen auf Lebenszeichen

Bereits ein einziges Lebenszeichen spricht dafür, dass ein Tier noch lebt. Sie sollten dann sofort zur Wiederbelebung (Seite 29) schreiten.

➤ **Herzschlag.** Suchen Sie den Puls an der Innenseite des Oberschenkels (ausführlich: Seite 18) oder horchen Sie auf Herztöne im linken Brustraum zwischen 3. und 6. Rippe (ausführlich: Seite 18).
➤ **Atmung.** Achten Sie auf eventuelle Atembewegungen bei Brust und Bauch oder auf bewegte Luft (an Handfläche oder Wange gut spürbar) im Bereich des Nasenspiegels (ausführlich: Seite 19).
➤ **Reflexe.** Prüfen Sie drei Reflexe in der Reihenfolge:
1. Zwischenzehenreflex
2. Lidreflex
3. Hornhautreflex.

Reflexe testen

Selbst wenn Herzschlag und Atmung ausgefallen sind, können Reflexe auf Leben hinweisen. Diese unbewussten Muskelbewegungen sind bereits durch Kneifen oder Berührung auslösbar. Die Reflexe fallen nacheinander in der beschriebenen Reihenfolge aus. Doch selbst wenn nur noch der Hornhautreflex vorhanden ist, lebt das Tier noch.

1. Zwischenzehenreflex

Kneifen Sie als Erstes in die Haut zwischen den Zehen. Ist der Reflex vorhanden, wird das Bein angezogen oder die Pfote zuckt.

2. Lidreflex

Berühren Sie dann mit dem Finger das Ober- oder Unterlid. Ist der Reflex vorhanden, wird der Hund blinzeln oder das Auge schließen.

3. Hornhautreflex

Berühren Sie mit dem Finger direkt den Augapfel, ohne die Lider jedoch zu stark zu spreizen. Vorsicht, nicht das Auge verletzen! Ist der Reflex vorhanden, wird der Hund blinzeln oder das Auge schließen.

Wichtig: Der Hornhautreflex reicht in dringlichen Situationen auch alleine aus. Leider fällt es öfter schwer, ihn richtig zu beurteilen: Der Reflex zeigt sich nur als sehr schwaches Zusammenziehen der Augenlider.

Wiederbelebung

Ist bei Ihrem Hund noch mindestens ein Lebenszeichen (Seite 28) festzustellen, sollten Sie gezielt und ruhig mit der Wiederbelebung (Reanimation) beginnen. Stellen Sie kein Lebenszeichen fest, können Sie nichts mehr für Ihr Tier tun.

So gehen Sie bei der Wiederbelebung vor

➤ **Ruhe bewahren.** Hektisches oder planloses Handeln kann Sie in dramatischen Situationen wertvolle Minuten kosten und den Erfolg der Wiederbelebungsmaßnahmen in Frage stellen.

➤ **Rechtsseitige Lagerung.** Um möglichst wenig Druck auf den lebenswichtigen Herzmuskel auszuüben, werden verletzte Hunde generell auf ihrer rechten Seite gelagert. Ausnahmen: rechtsseitige Rippenbrüche oder schmerzende Brustkorbverletzungen.

➤ **ABC der Wiederbelebung durchführen.** Die Reihenfolge der nun folgenden Maßnahmen ist wichtig. Prägen Sie sich das ABC (oben) deshalb gut ein.

Wenn die Atemwege nicht frei sind, hilft keine Wiederbelebung.

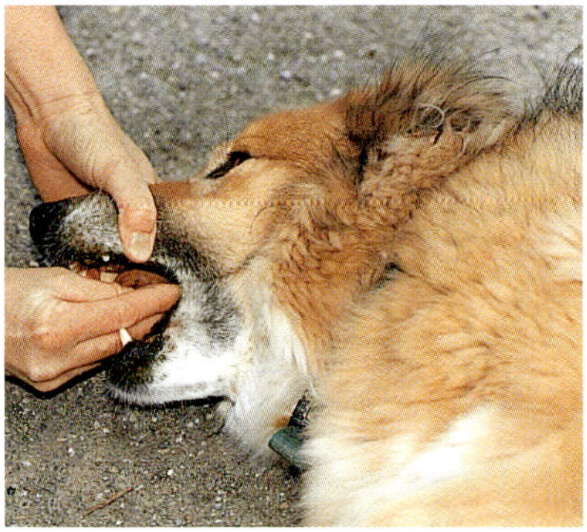

Checkliste

Das ABC der Wiederbelebung

A = Atemwege frei machen

B = Beatmung (Seite 30)

C = Circulation: Blutzirkulation mit Herzmassage anregen (Seite 32)

Atemwege frei machen

Schwer verletzte Hunde neigen zum Erbrechen. Bei tiefer Bewusstlosigkeit (der Hund erbricht nicht vollständig) oder Verletzungen der Kopfnerven (der Schluckreflex bleibt aus) können erbrochene Futterreste oder Fremdkörper vor dem Kehlkopf verbleiben und die Atemwege blockieren. Sie müssen entfernt werden, da sonst keine Wiederbelebungsmaßnahme helfen kann.

So wird's gemacht: Öffnen Sie das Maul des Hundes. Ziehen Sie die Zunge beherzt (keine Angst: sie reißt nicht ab!) so weit wie möglich heraus und vergewissern Sie sich, dass kein Speisebrei vor dem Kehlkopf ist. Entfernen Sie eventuelle Futterreste oder Fremdkörper mit den Fingern. Kleinere Hunde kann man auch, falls keine größeren Verletzungen vorliegen, einfach an den Hinterbeinen hochheben und mit dem Kopf nach unten schütteln.
Lagern Sie dann den Hund wieder rechtsseitig mit gestrecktem Hals.

Beatmung

Wenn Sie bei dem Hund keine eigene Atmung feststellen, sollten Sie nach dem Freimachen der Atemwege sofort künstlich beatmen. Vor allem das Gehirn darf nicht länger als 4 bis 6 Minuten ohne Sauerstoff sein, sonst treten dauerhafte Schäden auf.
Bei der künstlichen Beatmung gibt es zwei grundlegend verschiedene Möglichkeiten:

➤ **Mund-Schnauze-Beatmung.** Luft wird vom Helfer aktiv in die Nase eingeblasen.
➤ **Brustkorb-Kompression** (Seite 31). Der Brustkorb wird – der Größe des Hundes angepasst – kräftig gedrückt. Beim Loslassen dehnt er sich wieder aus und saugt passiv Luft ein.

Wichtig: Der Mund-Schnauze-Beatmung ist wegen der besseren Sauerstoffversorgung immer der Vorrang zu geben. Nur bei wirklich schweren Verletzungen der Schnauze oder unüberwindbarem Ekel versuchen Sie es zunächst mit der Brustkorb-Kompression. Bitten Sie notfalls einen Passanten um seine Mithilfe, wenn es allein nicht klappt.

Mund-Schnauze-Beatmung

Bei dieser Beatmungsmethode müssen Sie das Maul des Hundes zuhalten und Luft in seine Nase einblasen. Viele Menschen ekeln sich schon bei der Vorstellung daran. Hier hilft – auch als hygienische Barriere – ein Taschentuch, das Sie zwischen Ihren Mund und die Hundenase legen. Ist kein Taschentuch zur Hand, eignet sich jedes dünne Stück Stoff (von T-Shirt oder Unterhemd ein Stück abreißen).

Die Beatmung von Mund zu Schnauze ist effektiver als das Drücken des Brustkorbs.

So wird's gemacht: Die Hundeschnauze wird mit einer oder beiden Händen umfasst und fest verschlossen (Foto Seite 30). Dies ist nötig, damit möglichst wenig Luft durch die Lefzen entweicht. Zudem schützt Sie der Griff vor Verletzungen, wenn der Hund nach erfolgreicher Beatmung plötzlich hochschreckt.
Nun strecken Sie den Kopf des Hundes, setzen Ihre Lippen direkt an der Hundenase an und blasen (durch das Taschentuch) in die Nase Luft ein. Tun Sie das so lange, bis sich der Brustkorb des Tieres erkennbar hebt. Die Ausatmung des Hundes geschieht passiv von alleine, Sie müssen also nicht zusätzlich auf den Brustkorb drücken.
Wiederholen Sie die Beatmung etwa alle 3 Sekunden, bis der Hund wieder von selbst atmet.
Zeigt sich nach 10 Minuten kein Lebenszeichen, können Sie die Beatmung einstellen.

Durch das Drücken entsteht ein Unterdruck, der beim Loslassen Luft in die Lungen saugt.

Brustkorb-Kompression

Bei dieser Beatmungsmethode wird durch Drücken auf den Brustkorb des Hundes ein Unterdruck erzeugt, der beim Loslassen Luft einsaugt. Bei kleinen Hunden kann diese Methode auch mit der Herzmassage kombiniert werden.

Nicht geeignet bei:
➤ allen Verletzungen des Brustkorbes oder Rippenbrüchen.

So wird's gemacht: Sie knien vor dem Rücken oder Bauch Ihres rechtsseitig gelagerten Hundes und legen, je nach Größe des Tieres, eine Hand oder beide Hände flach auf die Brust.
Nun drücken Sie auf den Brustkorb, bis Sie das Nachgeben der Rippen fühlen und das Entweichen der Luft hören. Beim Loslassen saugt sich die Brust des Hundes automatisch mit Luft voll.
Wiederholen Sie dies etwa alle 3 Sekunden, bis der Hund wieder von selbst atmet. Zeigt sich nach 10 Minuten kein Lebenszeichen, können Sie die Beatmung einstellen.

Wichtig: Diese Methode sollten Sie wirklich nur dann anwenden, wenn unüberwindbarer Abscheu oder massive Gesichtsverletzungen beim Hund die wesentlich effektivere Mund-Schnauze-Beatmung nicht zulassen.

Blutzirkulation anregen

Wenn Sie weder einen Puls an der Innenseite des Oberschenkels spüren (ausführlich: Seite 18) noch Herztöne im linken Brustraum zwischen 3. und 6. Rippe hören (ausführlich: Seite 18), muss die Blutzirkulation künstlich angeregt werden.

Faustschlag-Methode

Der Faustschlag sollte als Erstmaßnahme nur einmalig eingesetzt werden. Hat er keinen Erfolg, so wiederholen Sie ihn nicht, sondern beginnen direkt nach dem Faustschlag mit der Herzdruckmassage.

So wird's gemacht: Lagern Sie den Hund auf seiner rechten Seite. Suchen Sie die Position des Herzens zwischen 3. und 6. Rippe (etwa in Höhe des Ellenbogengelenks) und gehen Sie von der Brustkorbmitte – von der Größe des Hundes abhängig – etwas nach links. Nun schlagen Sie mit der Faust kräftig, aber der Größe des Hundes angepasst, auf die Herzposition. Legen Sie sofort ein Ohr auf den Brustkorb, um den Erfolg der Maßnahme zu überprüfen.

Wichtig: Seien Sie mit dem Faustschlag nicht zu zaghaft, es geht schließlich um das Leben Ihres Hundes. Im Zweifelsfall wird der Hund ein paar Rippenbrüche überleben, einen Herzstillstand sicher nicht.

Die Faustschlag-Methode ist die erste Maßnahme bei Herzstillstand.

Checkliste

Methoden der Herzaktivierung

➤ **Stromschlag.** Wenn ein Arzt oder Sanitäter am Unfallort ist, können Sie ihn nach einem Defibrilator (erzeugt Stromschlag) fragen.

➤ **Faustschlag-Methode.** Ein starker Faustschlag kann wie ein Stromstoß das Herz zum Schlagen anstoßen.

➤ **Die Herzmassage.** Rhythmisches Drücken auf den Brustkorb regt den Herzmuskel an.

Die Herzdruckmassage

Ziel der Herzdruckmassage ist es, durch rhythmisches Drücken auf den Brustkorb das Herz wieder zum Schlagen zu bringen. Mit dem rhythmischen Niederdrücken im Bereich des Herzens ahmen Sie die Pumpbewegungen nach, mit denen ein gesundes Herz Blut durch den Körper pumpt. Die Herzdruckmassage sollte unmittelbar nach einem erfolglosen Faustschlag eingesetzt werden.

So wird's gemacht: Den Hund auf seiner rechten Seite lagern. Suchen Sie die Position des Herzens zwischen 3. und 6. Rippe (etwa in Höhe des Ellenbogengelenks) und gehen Sie von der Brustkorbmitte – von der Größe des Hundes abhängig – etwas nach links. Drücken Sie einmal pro Sekunde stoßartig auf dieses Herzfeld. Je nach Größe des Hundes benötigen Sie nur einige Finger oder beide Hände.

Vergewissern Sie sich immer wieder durch Abhören des Brustkorbs, ob das Herz zu schlagen begonnen hat. Bei deutlichen Herztönen mit der Herzdruckmassage aufhören, aber Atmung und Herzschlag jede Minute überprüfen. Zeigt sich nach 10 Minuten kein Lebenszeichen, können Sie die Herzdruckmassage einstellen.

Wichtig: Auch bei der Herzdruckmassage gilt: Seien Sie mit der Druckmassage nicht zu zaghaft. Es ist besser, dem Hund bei der Massage einige Rippen zu brechen als das Herz nicht mehr zum Schlagen zu bringen. Wenn Sie alleine sind, können Sie Herzdruckmassage und Mund-Schnauze-Beatmung nach folgendem Schema kombinieren: den Hund 1-mal beatmen, dann 5-mal die Herzdruckmassage durchführen. Dieses Schema wiederholen Sie fortlaufend bis zum Behandlungserfolg. Wechseln Sie sich mit jemandem ab.

Bei der Herzmassage jede Sekunde einmal stoßartig auf das Herz drücken.

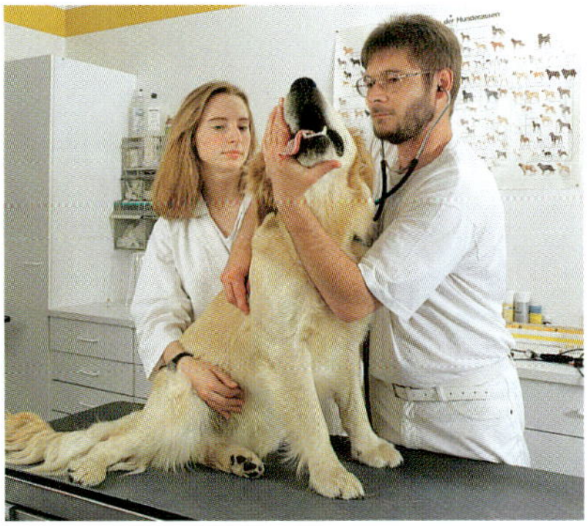

Das Hundeherz befindet sich auf der linken Seite zwischen 3. und 6. Rippe.

Umgang mit verletzten Tieren

TIPP
Mit Besonnenheit und Ruhe können Sie unvorhersehbare Angstreaktionen des verletzten Tieres wie Beißen oder Flucht eventuell von vorne herein verhindern.

Ob beim Erwachen der Lebensgeister nach der Wiederbelebung oder gleich nach dem Unfall: Jede Verletzung ist für den Hund eine Ausnahmesituation. Schmerzen und ungewohnte Umstände lassen alle Hunde (auch Ihren eigenen!) anders reagieren, als man es von ihnen gewohnt ist. Deshalb ist neben der Fürsorge für das Tier auch Ihre Sicherheit und die von Passanten zu bedenken.

Selbst ruhig bleiben

Panik, hektisches Umherlaufen und Schreien machen verletzte Tiere besonders unruhig. Sie erkennen die Stimmung der Menschen an deren Verhalten. Deshalb:

➤ Seien Sie ganz souveräner Rudelchef und geben Sie mit möglichst viel Ruhe dem verletzten Tier ein gutes Vorbild.

➤ Ignorieren Sie die Kommentare besserwisserischer Passanten, die bei keinem Unfall ausbleiben. Vertrauen Sie auf Ihr eigenes Können.

➤ Die Klärung von Fragen: »Wie konnte das passieren?« oder »Wieso haben Sie nicht aufgepasst?« ist in einer solchen Situation völlig nebensächlich und lenkt die Aufmerksamkeit von den wesentlichen Dingen ab.

Checkliste

Mit verletzten Tieren umgehen

➤ Selbst ruhig bleiben

➤ Das verletzte Tier sichern

➤ Das Tier beruhigen

➤ Falls Ihr Hund seine Wunden belecken oder beknabbern will: Hindern Sie ihn daran, sonst gelangen krankmachende Keime in die Wunde. Die immer wieder aufgestellte Behauptung, dass Hunde ihre Wunden sauber lecken müssen, ist falsch.

➤ Falls Ihnen der Geruch von Blut Übelkeit bereitet, versuchen Sie durch den Mund zu atmen: Sie riechen dann weniger.

Die Reaktionen verletzter Tiere reichen vom Angstbeißen bis zur völligen Hingabe.

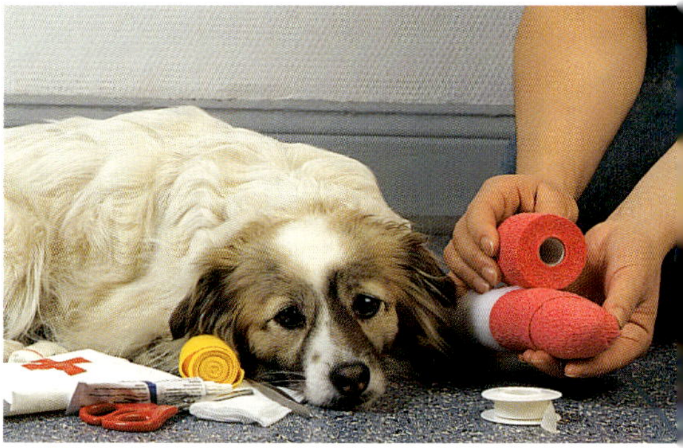

Das verletzte Tier sichern

Ist der Hund stark traumatisiert, hilft selbst Ihr gutes Vorbild nicht. Dann ist Ihre Vorausschau gefragt:

➤ Gehen Sie schon vor einem berechtigten Vertrauensverlust davon aus, dass Ihr Hund in seiner Not vielleicht sogar versucht, Sie zu beißen.
➤ Bedenken Sie, dass durch unvorhersehbares Verhalten (etwa Flucht) auch Risiken für Passanten oder Gefahr von Folgeunfällen bestehen.
➤ Seien Sie vor allem bei fremden Hunden lieber übervorsichtig.
➤ Verhindern Sie mit der Situation angepassten Sicherungsmaßnahmen, dass Sie sich oder andere einer Gefahr für die Gesundheit aussetzen.

Checkliste

Wichtige Sicherungsmaßnahmen

➤ Schnauze zubinden (Seite 12)

➤ Fixieren (Seite 14)

➤ Hinlegen und am Aufstehen hindern (Seite 15)

Den Hund beruhigen

In einer Notfallsituation sollten Sie möglichst viel Zeit bei Ihrem verletzten Hund verbringen und ihm Zuwendung und Aufmerksamkeit schenken:

➤ Lagern Sie ihn auf seiner rechten Seite.
➤ Streicheln Sie ihn und sprechen Sie beruhigend auf ihn ein.
➤ Lassen Sie jemanden aus dem Kreis der Umstehenden das Telefonat mit dem Tierarzt (Seite 42) führen.
➤ Lassen Sie sich nicht durch Umstehende ablenken. Es ist völlig unwichtig, ob andere Sie für unhöflich, am Unfall schuldig oder für sonst etwas halten, wenn Sie sich jetzt nur mit dem verletzten Tier beschäftigen.
➤ Auch wenn Ihre Kleidung Schaden nimmt: Nehmen Sie Ihren verletzten Hund in den Arm. Körperkontakt ist wichtig.

Streicheln beruhigt den verletzten Hund.

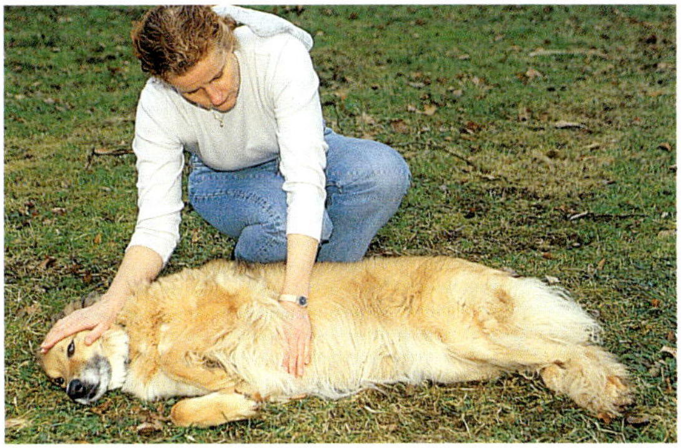

Schnelldiagnose

Diese Tafeln helfen Ihnen, in einigen häufigen Notfallsituationen schnell das Richtige zu tun. Folgen Sie jeweils den zutreffenden Aussagen.

Wenn der Hund lahmt

Plötzlich aufgetreten, hochgradig			**Plötzlich aufgetreten, geringgradig**		**Seit längerem hochgradig**	**Seit längerem geringgradig**
mit Blutung	ohne Blutung		mit Blutung	ohne Blutung	–	–
–	kann sein: Bruch, Zerrung, Verstauchung, Infektion		–	–	–	Kann sein: Wachstumsstörung, Verstauchung, Rheuma
–	Fieber messen, Gliedmaßen abtasten		–	Gliedmaßen abtasten	–	Gliedmaßen abtasten
–	Viel Schmerz	Wenig Schmerz	–	–	–	–
siehe Tafel: Blutungen	Zum Tierarzt	Cold pack, Massage, Franzbranntwein, Ruhe	siehe Tafel: Blutungen	Cold pack, Massage, Franzbranntwein, Ruhe	Zum Tierarzt	Cold pack, Ruhe; wenn länger als 1 Woche: zum Tierarzt

Blutungen

Blut spritzt aus Wunde

Druckverband anlegen (Seite 21)

Kontrolle der Wunde nach 10 min

blutet weiter:	blutet nicht weiter:
Zum Tierarzt	Verband einmal täglich wechseln

Blut sickert aus der Wunde

Wunde säubern und verbinden (Seite 38)

Kontrolle der Wunde nach 10 min

blutet weiter:	blutet nicht weiter:
Zum Tierarzt	Verband einmal täglich wechseln

Verschluckte Gegenstände

Steckt in Maulhöhle

Maul öffnen

Atemwege freihalten, Fremdkörper möglichst entfernen, dabei auf Verletzungen achten!

Fremdkörper nicht entfernbar	Fremdkörper entfernt
Zum Tierarzt	erledigt

Steckt nicht mehr in Maulhöhle

kleine Fremdkörper	große Fremdkörper
Öl, Butter, Paraffin direkt oder mit Futter geben	Erbrechen hervorrufen, damit Fremdkörper nicht in Dünndarm steckenbleibt
Auf Erbrechen und (nach 1 bis 2 Tagen) auf Stuhl achten	Erbrechen bleibt aus: Auf späteres Erbrechen und (nach 1 bis 2 Tagen) auf Stuhl achten
Bei Problemen: zum Tierarzt	Bei Problemen: zum Tierarzt

Blutungen stillen

TIPP
Bitte keinen Wundpuder verwenden! Er verklebt die Wunden und lässt keinen Sauerstoff an das verletzte Gewebe. Verklebungen müssen dann vom Tierarzt gesäubert werden.

Machen Sie sich bei jeder äußerlichen Verletzung erst einmal ein Bild von ihrem Ausmaß:

➤ Lokalisieren Sie den Ort der Blutung. Wenn dies nicht gelingt, bringen Sie den Hund unverzüglich zum Tierarzt.
➤ Reinigen Sie die betroffene Stelle mit viel klarem, kaltem Wasser.
➤ Schneiden Sie bei Hunden mit sehr langem, dichtem Fell um die Verletzung herum die Haare vorsichtig mit Ihrer Verbandsschere ab.

Stark blutende Wunden

Handeln Sie schnell (Schnelldiagnose, Seite 37), damit der Hund nicht verblutet.

➤ **Mit klarem kaltem Wasser spülen:** So können Sie sich ein Bild machen, wo die Blutung herkommt. Kaltes Wasser stillt zudem die kleinen Blutungen.
➤ **Wunde desinfizieren:** Am besten mit der Wasserstoffperoxid-Lösung aus der Tierapotheke (Seite 7). Sprays (Zischgeräusch) und alkoholische Desinfektionsmittel (brennender Schmerz) können Hunde verschrecken.
➤ **Wunde verbinden:** Die Wunde mit einer Mullkompresse abdecken und verbinden. Bei spritzenden Blutungen müssen Sie einen Druckverband (Seite 21) anlegen.
➤ **Druckverband überprüfen:** Entfernen Sie nach 10 Minuten den Druckverband wieder und kontrollieren Sie, ob die Blutung zum Stillstand gekommen ist. Nur bei anhaltender Blutung erneut einen Druckverband anlegen.
➤ **Zum Tierarzt:** Bei größeren Verletzungen.

Leicht blutende Wunden

Hier können Sie ruhig und bedächtig vorgehen.

➤ Mit klarem Wasser spülen
➤ Wunde desinfizieren
➤ Wundsalbe, falls vorhanden
➤ Mit Mullkompresse abdecken
➤ Verbinden, falls nötig und möglich
➤ Verband täglich wechseln

Wichtig: Wunden können nur innerhalb der ersten 4 Stunden genäht werden. Zu einem späteren Zeitpunkt müssen die Wundränder aufgefrischt werden, was bedeutet, dass die Wundfläche größer wird. Alle Wunden, die größer als 2 bis 3 cm sind, die tief ins Fleisch gehen oder weit auseinander klaffen, sollten vom Tierarzt chirurgisch versorgt werden: durch eine Naht, durch Klammern oder durch Aufbringen eines Gewebeklebers.

Transport eines verletzten Tieres

Nach dem Versorgen der Wunden stellt sich als nächste Frage: »Wie transportiere ich einen verletzten Hund, der sich nur schlecht oder gar nicht bewegen kann?«

Wichtig: Selbst bei starker Bewegungseinschränkung kann ein verletzter Hund noch beißen. Ergreifen Sie deshalb immer geeignete Sicherungsmaßnahmen(Seite 12)!

Tragen ohne fremde Hilfe

Wenn Sie ohne eine Hilfsperson auskommen müssen und der Hund ist nicht zu schwer, tragen Sie ihn am besten auf den Armen (Foto links).

So wird's gemacht: Sie knien sich von der Seite vor den Hund. Mit einem Arm fassen Sie unter die Brust, mit dem anderen umgreifen Sie das Hinterteil (unter dem Schwanz) oder fassen unter den Bauch.
Die tatsächliche Trageweise hängt natürlich auch davon ab, wo der Hund verletzt ist.

Tragen mit Hilfsperson

Bei schweren Hunden braucht man zum Tragen eine Hilfsperson.

So wird's gemacht: Die dem Hund besser bekannte Person legt je nach Gewicht des Hundes einen Arm oder beide Arme unter dessen Brust. Bei zappelnden Hunden greift sie mit einer Hand zusätzlich in das Halsband, um ihn festzuhalten. Die zweite Person unterfasst den Bauch oder packt die Hinterschenkel (Foto rechts).
Auch hier hängt die Trageweise letztlich davon ab, an welcher Stelle der Hund verletzt ist.

So tragen Sie einen Hund alleine.

So trägt man einen Hund zu zweit.

Tragen mit der Decke

Große und schwer verletzte Hunde lassen sich eventuell auch durch zwei Personen schlecht tragen. In diesen Fällen ist es hilfreich, den Hund in einer Decke zu transportieren. Dafür benötigen Sie eine Hilfsperson.

Geeignet bei:
➤ starken Verletzungen, Blutungen.
Nicht geeignet bei:
➤ Wirbelsäulenverletzungen, Knochenbrüchen, unruhigen Tieren.

So wird's gemacht: Achten Sie darauf, dass die Decke das Gewicht des Hundes aushält. Der verletzte Hund darf auf keinen Fall wegen reißender Decke auf den Boden stürzen. Bringen Sie die Decke durch entsprechend häufiges Falten auf die Größe des verletzten Tieres. Dies verstärkt die Tragkraft der Decke und vermindert das Durchhängen. Beim Transport in der Decke sollte die dem Hund vertrautere Person am Kopfende sein und mit dem Daumen ins Halsband fassen, um den Kopf des Hundes zusätzlich zu sichern.

Wichtig: Manche Hunde werden auf der Decke unruhig, weil sie:
➤ nicht über den Deckenrand sehen.
➤ bei großem Körpergewicht stark durchhängen und diese Lage als unangenehm empfinden.

Tragen auf einem Brett

Auch ein großes Brett (etwa eine Tischplatte) eignet sich zum Transport. Es muss auf jeden Fall so groß sein, dass der Hund nicht leicht herunterfallen kann.

Besonders geeignet bei:
➤ Verdacht auf Wirbelsäulenverletzungen oder Knochenbrüche.

So wird's gemacht: Sie legen das Brett neben den Hund und ziehen ihn darauf. Umfassen Sie hierzu mit einem Arm seine Brust, mit dem anderen sein Hinterteil. Bei großen Hunden ist eine Hilfsperson nötig. An welcher Stelle des Hundekörpers Sie ziehen können, hängt natürlich auch vom Ort der Verletzung ab. Damit der Hund nicht unterwegs vom Brett rutscht oder springt, müssen Sie ihn durch Festhalten am Halsband und den Beinen sichern.

Das Tragen auf einer Decke ist bei schweren Verletzungen die richtige Methode.

Transport im Auto

Für den Transport eines verletzten Hundes mit dem Auto gibt es einige hilfreiche Empfehlungen:

➤ Platzieren Sie den Hund im Auto möglichst an seinem gewohnten Ort: im Fußraum des Beifahrersitzes, auf der Rückbank oder der Ladefläche.
➤ Wenn es sich irgendwie machen lässt, fahren Sie zu zweit. Am besten bleibt der Besitzer beim Hund sitzen und beruhigt ihn durch Streicheln während der Fahrt.
➤ Seien Sie auf ungewohntes Verhalten (auch auf eigentlich undenkbares wie den Besitzer zu beißen) gefasst: Bedenken Sie immer, dass der Hund sich in einer Schocksituation befindet.
➤ Vermeiden sie überhöhte Geschwindigkeit. Starkes Abbremsen und Beschleunigen ist für ein verletztes Tier unangenehm.
➤ Auch wenn Sie aufgeregt sind und eine Zigarette jetzt vielleicht ihre Nerven beruhigt: Rauchen Sie im Auto nicht.
➤ Öffnen Sie bei großer Hitze das Fenster (auch wenn es zieht): Ein Hund leidet unter der Hitze mehr als Sie, weil er seine Körpertemperatur nicht über die Haut, sondern nur beim Hecheln über die vergleichsweise kleine Oberfläche der Mundschleimhaut regulieren kann.
➤ Halten Sie den Transportweg bei schweren Verletzungen so kurz wie möglich: Fahren Sie lieber zum nahe gelegenen Tierarzt als in die weit entfernte Tierklinik. Der Tierarzt kann den Hund immer so gut versorgen, dass er einen Weitertransport besser übersteht.

Transport im Taxi

Wenn in der Notfallsituation kein Auto zur Verfügung steht und Sie ein Taxi rufen wollen:

➤ Weisen Sie beim Anruf in der Taxizentrale darauf hin, dass es sich um einen Notfall handelt und im Taxi ein verletzter Hund transportiert werden soll. Viele Unternehmen weigern sich leider aus Angst vor Verschmutzung des Fahrgastraumes, Hunde zu befördern. Sie sparen Zeit, Kosten und Auseinandersetzung, wenn Sie dies bereits vor dem Eintreffen des Taxis klarstellen.

Tierambulanz

In manchen größeren Städten gibt es sogar einen Ambulanzwagen ausschließlich für Tiere.

➤ Erkundigen Sie sich bei der Suche nach einem Tierarzt (Seite 42) bei allen Gesprächspartnern auch nach dieser Möglichkeit.

Schnell zum Tierarzt

Notfälle ereignen sich immer unvorhergesehen: meistens nachts, am Wochenende und nicht zu den üblichen Sprechzeiten der Tierärzte. Sie sind am Unfallort und suchen dringend tierärztliche Hilfe:

➤ Fahren Sie mit einem verletzten Tier nie aufs Geratewohl los. Womöglich ist der Tierarzt zu Hausbesuchen unterwegs oder aus anderen Gründen nicht in der Praxis.
➤ Rufen Sie zunächst an. Außerhalb der Sprechzeiten gibt meist ein Anrufbeantworter Auskunft über den Notdienst. Tierkliniken müssen ähnlich wie Krankenhäuser ununterbrochen dienstbereit sein. Aber auch hier gilt: zuvor telefonisch anmelden.

Checkliste

Schnell zum Tierarzt

➤ Tierarzt oder Tierklinik ausfindig machen

➤ Transportmöglichkeiten abklären

➤ Vor dem Transport immer den Tierarzt anrufen

Einen Tierarzt finden

➤ **Tierarzt einprogrammiert.** Haben Sie, wie auf Seite 6 empfohlen, Ihren Tierarzt im Handy einprogrammiert? Dann brauchen Sie jetzt nur die Programmtaste drücken!
➤ **Auskunft.** Sie sind in einem fremdem Gebiet oder an einem fremden Telefon? Die Auskunft gibt Ihnen immer Bescheid.
Telekom-Auskunft: 11833
➤ **Bei Handys.** Die Auskunft des Netzbetreibers ist oftmals bereits eingespeichert.
➤ **Telefonbuch.** Häufig finden sich Tierärzte im Telefonbuch unter »T« wie Tierarzt (wenn Sie den Namen nicht kennen) oder in den regionalen Gelben Seiten unter der Rubrik »Tierärzte«.
➤ **Feuerwehr oder Polizei.** Falls Sie gar nicht weiterwissen, werden Sie von hier weiter vermittelt:
Polizei: 110; Feuerwehr: 112.

Die telefonische Anmeldung

Fassen Sie sich beim Telefonat mit dem Tierarzt kurz, auch wenn es Ihnen schwer fällt. Das Gespräch dient nur der Vorinformation des Tierarztes. Er muss sich ein Bild vom Zustand des verletzten Tieres machen können, um etwa weiteres Personal anzufordern, Gegengifte bereitzustellen oder eine Operation vorzubereiten.

Checkliste

Telefonat mit dem Tierarzt

➤ Um welche Tierart (Rasse, Größe) handelt es sich?

➤ Wann ist der Unfall passiert?

➤ Wie ist der Zustand des Tieres?

➤ Welche Verletzungen sind Ihnen aufgefallen?

➤ Wie lange benötigen Sie bis zur Praxis?

➤ Wie finden Sie am schnellsten zum Tierarzt (Wegbeschreibung geben lassen)?

Beim Tierarzt

Beim Tierarzt angekommen halten Sie diesen nicht mit unnötigen Informationen auf. Antworten Sie auf seine Fragen kurz und präzise. Leider beantworten viele Tierbesitzer aus falsch verstandener Scham die Fragen des Tierarztes falsch. Sagen Sie klar, wenn Sie etwas nicht wissen, niemand macht Ihnen einen Vorwurf, wenn Sie die Temperatur des Hundes nicht kennen oder den Ort einer Blutung nicht benennen können.
Vielleicht sind Sie nach der Lektüre dieses Buches aber auch in der Lage, dem Tierarzt genaue Angaben zu geben: etwa zu Puls, Atmung, Farbe der Schleimhäute und Temperatur. Der Tierarzt wird sich nicht nur darüber freuen, es erleichtert im Notfall auch seine Arbeit und kann wesentlich dazu beitragen, dass ein verletztes Tier vor schlimmen Folgen bewahrt bleibt.

Wer auf Notfälle gut vorbereitet ist, kann Ausflüge mit dem Hund sorglos genießen.

Auch beim Spiel mit Artgenossen passiert schon mal was.

Notfall-situationen ...

... den ganzen Hund betreffend

Hier finden Sie Notfallsituationen beschrieben, die den Organismus des Hundes als Ganzes betreffen oder überall am Körper auftreten können. Mehrfachverletzungen nach Unfällen, Fieber oder Bissverletzungen sind dafür typische Beispiele.

Das finden Sie in diesem Kapitel

Es wurden neun Notfallsituationen ausgewählt, die bei uns besonders häufig vorkommen:

➤ Biss- und Rissverletzung können am ganzen Körper auftreten und werden deshalb hier besprochen.
➤ Unter »Schock« finden Sie die verschiedenen Phasen des Schocks und die entsprechenden Maßnahmen beschrieben, um Ihren Hund vor schwer wiegenden Folgen zu bewahren. Schock muss nicht unbedingt durch einen Unfall ausgelöst werden, sondern kann auch im Laufe einer Erkrankung entstehen.
➤ Vergiftungen: Konnten Sie Ihren Hund beim Schlucken des Giftes beobachten, nehmen Sie unbedingt die Verpackung oder eine Probe mit zum Tierarzt, damit er das entsprechende Gegenmittel verabreichen kann.
➤ Eine Blutvergiftung ist beim Hund wegen der Behaarung nicht sichtbar. Beim Menschen dagegen ist meist ein roter Strich zu sehen, der sich von der Verletzungsstelle herzwärts ausbreitet. Das Fehlen eines solchen Zeichens beim Hund schließt also eine Blutvergiftung nicht aus.

Bisse, Stiche, Risse

SYMPTOME

Was hat Ihr Hund?

➤ Blutung, Schwellung, Atemnot, Schmerzen
➤ Anschwellen der Lefzen, des gesamten Kopfes oder der Zunge (bei Insektenstichen im Kopfbereich)

URSACHE

Was ist passiert?

- Bissverletzungen durch Raufereien mit anderen Hunden oder Katzen
- Stiche durch Insekten
- Risse durch Hängenbleiben an scharfen Gegenständen wie Stacheldraht

ACHTUNG

Womit besteht Verwechslungsgefahr?

- Blutergüsse durch stumpfe Verletzungen bei Schwellungen
- Verklebtes Fell durch andere äußere Ursachen wie Baumharz

MASSNAHME

Was können Sie tun?

➤ Bei Blutung: Reinigen, Desinfizieren, Verbinden
➤ Cold Pack auflegen
➤ Bei Atemnot oder Schwellung im Kopfbereich: Sofort zum Tierarzt!
➤ Größere, stark blutende auseinander klaffende Verletzungen immer vom Tierarzt versorgen lassen, um Entzündungen, Blutvergiftungen oder Abszesse durch eindringende Keime zu verhindern.
➤ Wenn bei Hunde- und Katzenbissen nur eine Bissloch zu sehen ist, immer nach dem »Gegenbiss« (dem zweiten Loch) suchen.
➤ Festgesaugte Zecken am besten mit einer Zeckenzange herausdrehen.

MERKE! *Insektenstiche und Zeckenbisse sind meist nicht lebensbedrohlich, es sei denn, der Hund wird in die Maulhöhle gestochen oder reagiert allergisch auf den Insektenstich.*

Blutvergiftung

SYMPTOME

Was hat Ihr Hund?

➤ Fressunlust, Schlappheit, Bewegungsunlust
➤ Fieber oder Untertemperatur
➤ Schock, Erbrechen und/oder Durchfall
➤ Schmerzhafter Bauch
➤ Geschwollene, schmerzhafte Gelenke
➤ Rote oder bläulich rote Schleimhäute

URSACHE

Was ist passiert?

- Krankheitserreger, meist Bakterien, sind in die Blutbahn eingedrungen und verursachen Entzündungen etwa an Mundhöhle, Zähnen, Gebärmutter sowie chronisch eitrige Abszesse.
- Bei Welpen ist die Eintrittspforte der Bakterien meist der Nabel. Bei erwachsenen Tieren sind es Bissverletzungen, Risse, Stiche, Entzündungen oder Abszesse innerer Organe, die aufplatzen und die Bakterien in die Blutbahn entlassen.
- Auch chronische Zahnfleischentzündungen, Hautentzündungen oder langwierige Ohrenentzündungen können zu einer Blutvergiftung führen.

ACHTUNG

Womit besteht Verwechslungsgefahr?

- Bei allen mit Störungen des Allgemeinbefindens einhergehenden Erkrankungen

MASSNAHME

Was können Sie tun?

➤ Bei Fieber kalte Umschläge
➤ Bei Untertemperatur Wärmelampe, Heizkissen, Wärmflasche
➤ Zum Tierarzt!

MERKE! *Da nach Bissverletzungen immer das Risiko einer Blutvergiftung besteht, werden größere Verletzungen mit Antibiotika behandelt. Anders als beim Menschen ist bei der Blutvergiftung des Hundes kein roter Strich sichtbar.*

SYMPTOME

Was hat Ihr Hund?

- ➤ Erhöhte Körpertemperatur, blasse Schleimhäute, Herzrasen
- ➤ Starkes Hecheln, Krämpfe, Bewusstlosigkeit

URSACHE

Was ist passiert?

- Hunde sind für einen Hitzschlag wesentlich anfälliger als der Mensch: Sie besitzen nur wenige Schweißdrüsen und selbst intensives Hecheln kühlt den Körper unzureichend ab.

ACHTUNG

Womit besteht Verwechslungsgefahr?

- Fieberhafte Erkrankungen

MASSNAHME

Was können Sie tun?

- ➤ Bei Bewusstlosigkeit mit dem ABC der Wiederbelebung beginnen (Seite 29)
- ➤ Hund in kühlen Raum oder Schatten bringen: Langsam, bei den Beinen beginnend, mit kaltem Wasser abkühlen
- ➤ Wasser zu trinken geben oder einflößen
- ➤ Ruhe

Merke!

- ➤ *Nehmen Sie im Sommer immer einen Kanister Wasser mit und geben Sie dem Hund unterwegs zu trinken.*
- ➤ *Die beste Abkühlung ist ein nasses T-Shirt, das Sie Ihrem Hund überziehen und immer wieder befeuchten.*
- ➤ *Lassen Sie Ihren Hund im Sommer niemals auch nur für 5 Minuten im Auto zurück.*

Ein nasses T-Shirt bringt Abkühlung.

Mehrfachverletzungen (Polytraumata)

SYMPTOME

Was hat Ihr Hund?

- Mehrere unterschiedliche Verletzungen gleichzeitig: etwa Blutungen, Knochenbrüche, Bewusstlosigkeit, Krämpfe
- Hund kann nicht mehr aufstehen, lässt sich nicht anfassen, hechelt
- Blasse Schleimhäute, beschleunigte Herzfrequenz
- Mehrfach verletzte Hunde sind sehr stark schockgefährdet oder haben bereits einen Schock

URSACHE

Was ist passiert?

- Polytraumen sind typisch für Autounfälle: Häufig treten Knochenbruch, mehrere Schnittwunden und Blutergüsse gleichzeitig auf. Die Gefahr zusätzlicher innerer Verletzungen (oft äußerlich nicht sichtbar) ist groß.

ACHTUNG

Womit besteht Verwechslungsgefahr?

- Keine

MASSNAHME

Was können Sie tun?

- Ruhe bewahren
- Hund auf der unverletzten, möglichst der rechten Seite lagern
- Bei Bewusstlosigkeit: Das ABC der Wiederbelebung anwenden (Seite 29)
- Bei Blutungen: Wunden reinigen und desinfizieren (Seite 38)
- Bei Knochenbrüchen: Schienenverband anlegen (Seite 22)
- Den Schock behandeln (Seite 51)
- Warm halten und sofort zum Tierarzt!

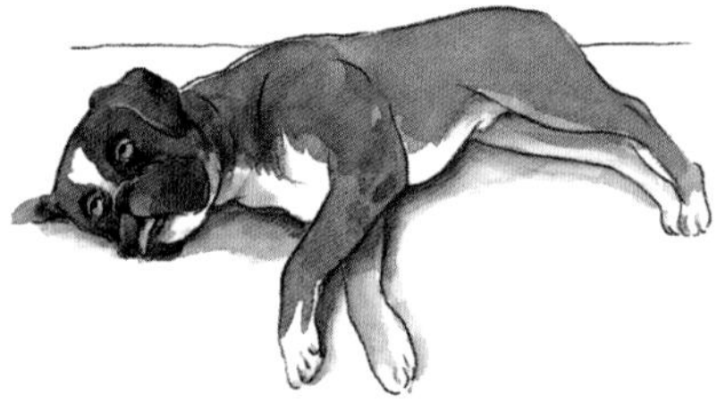

Bei schweren Verletzungen möglichst auf der rechten Seite lagern.

Schock

SYMPTOME

Was hat Ihr Hund?

- ➤ Kalte Gliedmaßen, Schwäche, Zittern, Bewusstseinsverlust, Unruhe, Hecheln
- ➤ Schneller schwacher Puls, schneller Herzschlag, blasse Schleimhäute

Erste Schockphase: Blutdruck sinkt, Herzfrequenz steigt, die kleinsten Gefäße ziehen sich zusammen. Nur noch lebenswichtige Organe werden gut durchblutet.

Zweite Schockphase: Giftige Stoffwechselprodukte reichern sich in Organen an, Austritt von Gewebswasser, Organschäden durch Sauerstoffunterversorgung.

Dritte Schockphase: Blutgefäße weiten sich, lebenswichtige Organe werden nicht mehr durchblutet, die Blutgerinnung erschöpft sich, Tod tritt ein.

URSACHE

Was ist passiert?

- Dem Kreislauf steht durch massive Blutverluste, massive Wasserverluste nach Durchfällen oder Erbrechen oder nach ausgedehnten Verbrennungen nicht mehr ausreichend Blut zur Verfügung.
- Es besteht ein massives Herzproblem (Kardiogener Schock oder Herzschock).
- Unverträglichkeit von Arzneimitteln, Allergien auf Insektenstiche, Blutvergiftung oder andere Vergiftungen, Bauchfellentzündungen (Vasogener Schock oder Gefäßschock).
- Verstopfte Blutgefäße nach inneren Blutungen, Blutgerinnseln oder länger andauernden Erkrankungen (Obstruktiver Schock oder Verstopfungsschock).

ACHTUNG

Womit besteht Verwechslungsgefahr?

- Keine

MASSNAHME

Was können Sie tun?

- ➤ Blutstillung; Herz und Atmung kontrollieren: Bei Herz- und Atemstillstand das ABC der Wiederbelebung (Seite 29) durchführen.
- ➤ Sofort zum Tierarzt: Eine Infusion stützt den Kreislauf und bewahrt ihn davor, in Phase II oder gar Phase III des Schocks einzutreten.

Merke! *Bei einem Schockhund nicht die Beine hoch lagern, er wehrt sich!*

Stromschlag

SYMPTOME

Was hat Ihr Hund?

- ➤ Zittern, Speicheln, Krämpfe, Verbrennungen an der Eintrittsstelle
- ➤ Herzstillstand, Atemstillstand, Bewusstlosigkeit

URSACHE

Was ist passiert?

- Stromschlag durch defekte Steckdosen, schlecht oder nicht isolierte Kabel, Blitz oder das Benagen von Stromkabeln: Die Beschwerden hängen von Stromstärke und Dauer ab.
- Der Organismus leitet den elektrischen Strom entlang der Nerven, Blutgefäße und Muskelfasern. Je nach Heftigkeit des Stromschlages kann es von kleinen Verbrennungen an der Eintrittsstelle bis zum Herzstillstand kommen.

ACHTUNG

Womit besteht Verwechslungsgefahr?

- Erkrankungen, die mit Krampfanfällen einhergehen (Epilepsie)
- Verbrennungen an Gartengrill, heißer Herdplatte etc.

MASSNAHME

Was können Sie tun?

- ➤ Stromquelle abschalten, Kabel aus der Steckdose ziehen und dann den Hund von der Stromquelle trennen (Vorsicht: auch der Mensch leitet elektrischen Strom!)
- ➤ Wenn Abschalten des Stroms nicht möglich: Hund mit nichtleitendem Material von der Stromquelle trennen (Gummistiefel, Holzstücke, Stuhlbeine)
- ➤ Herz, Puls und Atmung prüfen: Bei Herz- und Atemstillstand das ABC der Wiederbelebung (Seite 29) durchführen
- ➤ Verbrennungen an der Eintrittstelle des Stroms behandeln (Verbrennungen, Seite 53)

MERKE! *Wohnungen müssen bei Welpen noch mehr gesichert werden als bei Kleinkindern: Steckdosen mit Kinderschutz versehen und keine Strom führenden Verlängerungskabel zugänglich liegen lassen.*

SYMPTOME

Was hat Ihr Hund?

➤ **1. Grad:** Rötung, Schwellung und Wärme der Haut (Kurzhaar: durch Haut sichtbar; Langhaar: am Kopf sichtbar), Schmerzen

➤ **2. Grad:** zusätzliches Auftreten einer Brandblase

➤ **3. Grad:** Oben beschriebene Symptome laufen durch extreme Hitzeeinwirkung rasant schnell ab, dazu kommen: verbrannte Haut, Schorfbildung, schwärzlich-braune Krusten, extreme Schmerzen

➤ **4. Grad:** Schwerste Verbrennung mit massiver Schädigung der Haut und des darunter liegenden Gewebes, scharfer Brandgeruch (wie verkohltes Fleisch), betroffene Stellen sehen verschrumpelt aus, extreme Schmerzen

URSACHE

Was ist passiert?

- Heißes Wasser, Feuer, Bügeleisen, Sonne (hitzebedingte Ursachen)
- Stoffe, die zu Verbrennungen oder Verätzungen führen (chemische Ursachen) wie chlorhaltige Haushaltsreiniger oder Batteriesäuren

ACHTUNG

Womit besteht Verwechslungsgefahr?

- Prellungen, Blutergüsse
- Abgestorbenes Gewebe nach Entzündungen oder nach unterbrochener Blutzirkulation (etwa nach Abschnüren eines Körperteils)

MASSNAHME

Was können Sie tun?

➤ **1. und 2. Grad:** Mit kaltem Wasser kühlen, Cold Packs, kalte Umschläge, später: Brandsalbe, kühlendes Gel oder Insektenstichsalbe

➤ **3. und 4. Grad:** Bei Herz- und Atemstillstand das ABC der Wiederbelebung (Seite 29) durchführen; Wunden mit kaltem Wasser kühlen, Schorf und abgestorbenes Gewebe mit Pinzette entfernen, Verband mit feuchten Kompressen anlegen, sofort zum Tierarzt!

Vergiftungen

SYMPTOME

Was hat Ihr Hund?

➤ Speicheln, Zittern, Unruhe, schwankender Gang, Krämpfe, Erbrechen, Durchfall, Husten
➤ Schleimhäute blau verfärbt, bluten in Form von roten Pünktchen
➤ Haut schält sich ab

URSACHE

Was ist passiert?

- Gifte werden verschluckt, wenn Hunde unkontrolliert Dinge beriechen und fressen. Besonders gefährdet sind Welpen.
- Gifte werden eingeatmet, etwa als Autoabgase oder Rauch. Die Gase sind schwerer als Luft und reichern sich in Bodennähe (Hundenase) an.
- Kontaktgifte dringen über die Haut oder Schleimhäute in den Körper: Pflanzenschutzmittel, Altöl, Benzin, Nitroverdünnung und Lösungsmittel.
- Vergiftung durch Injektion: falsche Medikamentendosierung, Schlangen-, Skorpion- und Spinnenbiss.

ACHTUNG

Womit besteht Verwechslungsgefahr?

- Wegen der Vielfalt möglicher Symptome praktisch mit jeder Erkrankung verwechselbar.

MASSNAHME

Was können Sie tun?

➤ Generell: Für frische Luft sorgen, Wasser zu trinken anbieten
➤ Bei Einatmung: Hund von Giftquelle entfernen
➤ Bei verschlucktem Gift: Senfwasser (etwas Senf mit Wasser mischen) einflößen und so zum Erbrechen bringen
➤ Bei Giftaufnahme über die Haut: Betroffene Stellen mit Hundeshampoo oder milder Seifenlauge abwaschen, verklebte Haare scheren

MERKE! *Vergiftungen sind nur selten sicher diagnostizierbar: zum Tierarzt!*

Vergiftungen (Beispiele)

SYMPTOME

Was hat Ihr Hund?

- **Bei allen Giften:** Speicheln, Erbrechen, Durchfall
- **Rattengift:** Blutungen in den Schleimhäuten in Form kleiner roter Pünktchen, blutiger Urin, Zahnfleischbluten
- **Pflanzenschutzmittel:** unsicherer Gang, Krämpfe, Augenrollen
- **Säuren:** Verätzungen an Haut und Schleimhäuten
- **Frostschutzmittel:** Müdigkeit, Krämpfe, Nierenversagen
- **Trockenspiritus:** Krämpfe, Fieber
- **Schlaftabletten:** Schläfrigkeit, Narkose, Koma, Atemstillstand
- **Schädlingsbekämpfungsmittel:** Krämpfe, weit gestellte Pupillen, sehr langsamer Herzschlag

URSACHE

Was ist passiert?

- **Rattengift:** Giftaufnahme kann Tage bis Wochen zurückliegen
- **Pflanzenschutzmittel:** Aufnahme durch Verschlucken oder über die Haut
- **Säuren:** werden getrunken
- **Frostschutzmittel:** Schmeckt süß, wird vom Boden aufgeleckt
- **Trockenspiritus:** Schmeckt süß, die Tabletten werden gefressen
- **Schlaftabletten:** Das Fressen einer ganzen Packung kann zur Vergiftung führen.
- **Schädlingsbekämpfungsmittel:** werden gefressen

ACHTUNG

Womit besteht Verwechslungsgefahr?

- Wegen der Vielfalt möglicher Symptome praktisch mit jeder Erkrankung

MASSNAHME

Was können Sie tun?

- **Säuren:** Verätzungen von Haut und Augen 10 Minuten lang mit klarem Wasser spülen; geschluckte Säuren: viel Wasser oder Milch zum Verdünnen einflößen (Faustregel: 1 Schluck Säure braucht 1 Liter Wasser).
- **In allen Fällen:** Sofort zum Tierarzt!

... im Kopfbereich

Dieses Kapitel enthält Verletzungen und Erkrankungen, die im Kopfbereich Ihres Hundes vorkommen und ein schnelles Handeln erforderlich machen.

Das finden Sie in diesem Kapitel

Als Besonderheiten bei Notfallsituationen sind zu beachten:

- Augen: Keine Angst vorm Hinfassen. Für die große Scheu des Menschen ist mehr die Psychologie als die Empfindlichkeit des Organs verantwortlich.
- Abgebrochene Zähne: Zum Tierarzt mitnehmen. Bewahren Sie den Zahn für den Transport in einem Gefäß mit Milch auf, mit etwas Glück kann der Zahn wieder eingesetzt werden und auch wieder einwachsen.
- Zunge: Bei starker Blutung spülen Sie die Mundhöhle Ihres Hundes mit möglichst kaltem Wasser oder geben Sie Ihm Wasser zu trinken.
- Fremdkörper in der Mundhöhle: Steckt der Fremdkörper weit hinten im Hals, scheuen Sie sich nicht, mit Ihren Fingern bis nach ganz hinten an den Kehlkopf zu fassen. Sie können Ihren Hund dadurch vielleicht vor dem Ersticken retten.
- Gehörgang-Entzündung: Bohren Sie möglichst nicht mit Wattestäbchen im Hundeohr herum. Die Stäbchen brechen leicht ab oder schieben das Entzündungssekret nur noch tiefer in den Gehörgang. Benutzen Sie flüssigen Ohrreiniger (aus dem Fachhandel).

SYMPTOME

Was hat Ihr Hund?

- ➤ Fremdkörper steckt sichtbar in der Hornhaut
- ➤ Lichtempfindlichkeit, Lichtscheu, Tränenfluss oder eitriges Sekret
- ➤ Gelblich, blutige Auflagerungen auf dem Augapfel
- ➤ Das dritte Augenlid (Nickhaut, vom Augeninnenwinkel ausgehend) schiebt sich über den Augapfel
- ➤ Auge ist in die Augenhöhle zurückgezogen
- ➤ Hund kneift die Lider zusammen, reibt am Auge

URSACHE

Was ist passiert?

- Biss- oder Kratzverletzungen am Auge, etwa nach Rennen durch ein Gebüsch
- Die Verletzung der Hornhaut ist für Laien oft nicht erkennbar: zum Tierarzt!
- Fremdkörper können als kleine Dornen oder Holzsplitterchen im Augapfel stecken, nicht sichtbar sein (weil sie sich auf der Innenseite der Lider befinden), aber zu einer ausgeprägten Entzündung führen.

ACHTUNG

Womit besteht Verwechslungsgefahr?

- Wie bei Lidverletzungen (Seite 58)

MASSNAHME

Was können Sie tun?

- ➤ Fremdkörper auf keinen Fall entfernen!
- ➤ Auge mit klarem Wasser oder physiologischer Kochsalzlösung spülen, mit feuchter Mullkompresse abdecken, Augenverband
- ➤ Hund am Kratzen hindern
- ➤ Zum Tierarzt!

So wird das Auge verbunden.

Augenlid

SYMPTOME

Was hat Ihr Hund?

➤ Augenlid blutet, klafft auseinander, ist geschwollen
➤ Hund kratzt sich am Auge

URSACHE

Was ist passiert?

- Bisse, Risse, Kratzer oder Schnittverletzungen
- Nicht blutende Verletzungen führen rasch zu ausgeprägter Schwellung des Lides. Der Schmerz veranlasst den Hund, die Stelle zu reiben oder zu kratzen, was die Sache noch viel schlimmer macht.

ACHTUNG

Womit besteht Verwechslungsgefahr?

- Insektenstiche
- Zahnprobleme wie vereiterte Wurzeln der Backenzähne, die manchmal auch zu einem plötzlichen Anschwellen der Augenlider führen können.
- Allergien

MASSNAHME

Was können Sie tun?

➤ Wunde mit klarem Wasser oder physiologischer Kochsalzlösung reinigen
➤ Wunde mit in Kochsalzlösung oder Wasser getränkten kalten Kompressen feucht halten
➤ Den Hund am Kratzen hindern (Halskragen)
➤ Blutende Verletzungen mit auseinanderklaffendem Lid vom Tierarzt nähen lassen, (falsch vernarbte Lider führen zu mangelndem Lidschluss, was den Augapfel bis hin zur Erblindung schädigen kann).

Ein Halskragen verhindert das Kratzen im Kopfbereich.

Augenvorfall (Bulbusvorfall)

Symptome

Was hat Ihr Hund?

- ➤ Auge wölbt sich aus der Augenhöhle vor, Lider sind gerötet, Lichtempfindlichkeit, außerordentliche Schmerzen
- ➤ Der Hund reibt und kratzt am Auge
- ➤ Stark geröteter und geschwollener Bereich um das Auge

Ursache

Was ist passiert?

- Erblich bedingt bei kurzköpfigen Hunderassen wie Pekinese, Chihuahua, Mops
- Äußere Gewalteinwirkung wie heftiger Zug an der Nackenhaut, Schläge auf den Hinterkopf, Unfälle
- Krankheiten wie Tumore oder grüner Star

Achtung

Womit besteht Verwechslungsgefahr?

- Lid- oder Augapfelverletzungen (Seite 58 oder Seite 57)
- Grüner Star
- Augenverletzungen oder Entzündungen im Inneren des Augapfels

Massnahme

Was können Sie tun?

- ➤ Spülen mit Wasser oder physiologischer Kochsalzlösung, Anfeuchten mit Mullkompresse, Augenverband
- ➤ Cold Pack zur Schmerzstillung auf verbundenes Auge halten
- ➤ Nicht mehr füttern, Augapfel lässt sich nur in Narkose wieder in die Augenhöhle zurückdrücken
- ➤ Hund am Kratzen oder Reiben hindern (Verband, Halskragen)
- ➤ Zum Tierarzt!

So wird das Auge verbunden.

Blutohr

SYMPTOME

Was hat Ihr Hund?

- ➤ Schwellung des Ohrlappens, aber keine Schmerzen
- ➤ Stehohr hängt runter oder knickt ab
- ➤ Ohrschütteln oder Kratzen in den Ohren

URSACHE

Was ist passiert?

- Gehörgang-Entzündungen bewirken, dass ein Hund plötzlich mit Kopf- und Ohrschütteln anfängt, ohne Rücksicht auf seine Ohrlappen zu nehmen. Stumpfe Verletzungen sind die Folge.
- Das Blutohr (Othämatom) ist ein Bluterguss zwischen dem Ohrknorpel des Ohrlappens und der äußeren Haut. Durch die Blutung entsteht eine meist recht große Schwellung, die ballonartig aussieht.
- Manchmal führt das Blutohr zu Schädigungen des Ohrknorpels und es bleibt ein verschrumpelter Ohrlappen zurück.

ACHTUNG

Womit besteht Verwechslungsgefahr?

- Abszess des Ohrlappens

MASSNAHME

Was können Sie tun?

- ➤ Am Schütteln und Kratzen hindern (Halskragen, Ohrverband Seite 24)
- ➤ Cold Pack, Kopfverband
- ➤ Zum Tierarzt! Da sich der Bluterguss nur sehr langsam von alleine zurück bildet, muss er das Blut entweder absaugen (Punktion) oder durch eine Operation entfernen.

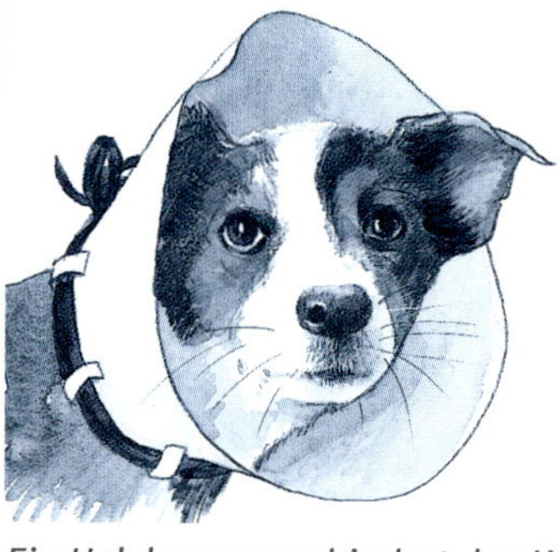

Ein Halskragen verhindert das Kratzen im Kopfbereich.

SYMPTOME

Was hat Ihr Hund?

- ➤ Reibt mit der Schnauze auf dem Boden oder mit den Pfoten an der Schnauze
- ➤ Verliert Speichel, würgt, verweigert Futter
- ➤ Atemnot

URSACHE

Was ist passiert?

- Stöckchen, Steinchen, kleine Knochenstücke und ähnliches können sich in der Mundhöhle verkeilen und zu massiven Verletzungen führen.
- Zwischen den Backenzähnen verkeilte Knochenstücke liegen wie eine Art Zahnspange dem Oberkiefer an.

ACHTUNG

Womit besteht Verwechslungsgefahr?

- Entzündungen in der Mundhöhle, Kehlkopfentzündung
- Zahnschmerzen
- Bienen- oder Wespenstiche in das Maul

MASSNAHME

Was können Sie tun?

- ➤ Maul öffnen (Seite 13), nachsehen
- ➤ Fremdkörper mit Fingern oder Pinzette entfernen
- ➤ Steckt der Fremdkörper fest: zum Tierarzt!

MERKE! *Eine kreislaufbelastende Vollnarkose zum Entfernen eines Knochens zwischen den Backenzähnen ist völlig überflüssig, wenn immer wieder das Maulöffnen geübt wird (Seite 13).*

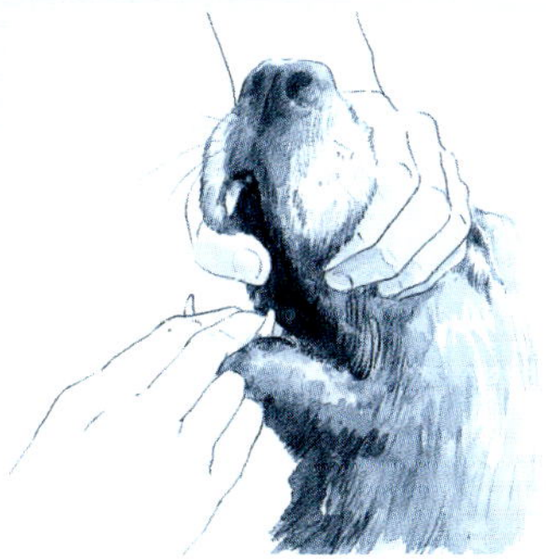

Beim Maulöffnen die Lefzen über die Zähne ziehen.

Gehörgang-Entzündung

SYMPTOME

Was hat Ihr Hund?

- ➤ Kopfschütteln, Kratzen am Ohr, wehrt sich beim Anfassen der Ohren
- ➤ Herunterhängendes Stehohr, brauner oder gelblicher Ausfluss aus dem Gehörgang, stinkende und schmerzende Ohren

URSACHE

Was ist passiert?

- Ohrentzündungen entstehen häufig durch Fremdkörper (wie kleine Grasgrannen), Bissverletzungen, bakterielle oder Hefepilzinfektionen.
- Bestimmte Rassen (wie Pudel oder Schnauzer) haben besonders enge oder/und stark behaarte Gehörgänge, die sich leicht entzünden.
- Begünstigend wirken Nässe (bei Hunden, die viel schwimmen) und eine übermäßige Ohrschmalzbildung (wie beim Cockerspaniel)
- Tumoren
- Parasiten
- Allergien

ACHTUNG

Womit besteht Verwechslungsgefahr?

- Mittel- oder Innenohrentzündung, Nervenentzündung
- Schlaganfall

MASSNAHME

Was können Sie tun?

- ➤ An übermäßigem Kratzen und Schütteln hindern (Halskragen, Ohrverband Seite 24)
- ➤ Ohr mit flüssigem Ohrreiniger (aus dem Fachhandel) reinigen: In den Gehörgang einträufeln und etwas massieren.
- ➤ Zum Tierarzt, um die Entzündung gezielt zu behandeln!

Ein Halskragen verhindert das Kratzen im Kopfbereich.

Ohrverletzung

Symptome

Was hat Ihr Hund?

➤ Blutet oder hat blutverkrustetes Fell an den Ohrlappen
➤ Hält Kopf schief, reibt und kratzt
➤ Verletzungen des Ohrknorpels können zu massiver Narbenbildung führen: Der Ohrknorpel schrumpelt zusammen, was vor allem bei kurzhaarigen Hunden mit Stehohren sehr unschön aussieht.

Ursache

Was ist passiert?

- Meist Bisse oder Rissverletzungen (Seite 47)
- Manchmal bleiben Hunde mit langen Ohren im Gebüsch hängen
- Ein Stöckchen verletzt beim Spiel Ohrlappen oder Ohrtrichter
- Ohrenverletzungen bluten meist sehr stark, da die Ohrmuschel und die Ohrlappen gut durchblutet sind.
- Unbehandelte Verletzungen können zur Infektionen des Ohrlappens oder des äußeren Gehörgangs führen (Gehörgang-Entzündung, Seite 62).

Achtung

Womit besteht Verwechslungsgefahr?

- Insektenstiche
- Mittelohrentzündung
- Entzündung des äußeren Gehörgangs (Seite 62)
- Blutohr

Massnahme

Was können Sie tun?

➤ Wunde mit Wasser oder physiologischer Kochsalzlösung reinigen
➤ Bei kleineren, nicht blutenden Verletzungen mit Wundsalbe behandeln
➤ Cold Pack auf das verbundene Ohr, damit die Blutung schneller aufhört
➤ Wenn Blutung nicht aufhört: Kopfverband (Seite 24) und zum Tierarzt!

Zahnbruch/Zahnverlust

SYMPTOME

Was hat Ihr Hund?

➤ Blutet aus der Mundhöhle
➤ Zahn hängt schief in Mundhöhle oder ein Zahn (abgebrochen oder ganz) wird gefunden
➤ Schmerzen

URSACHE

Was ist passiert?

- Kauen auf Stöckchen oder Steinen, Rauferei lässt Teile der Zahnkrone abbrechen oder Zahn mit Wurzel aus dem Kiefer herausbrechen
- Wird bei einem Zahnbruch der Nervenkanal eröffnet, tritt Blutung auf. Sie muss tierärztlich versorgt werden, da über den eröffneten Nervenkanal Bakterien eindringen und zu Entzündungen oder Abszessen führen.
- Vollständig herausgebrochene Zähne aufheben, der Tierarzt kann sie einsetzen und häufig wachsen sie wieder an (Seite 56).

ACHTUNG

Womit besteht Verwechslungsgefahr?

- Zahnverlust als Folge von Zahnfleischschwund oder hochgradigen Zahnstein mit Zahnfleischentzündung

MASSNAHME

Was können Sie tun?

➤ Nicht mehr füttern
➤ Mundhöhle auf Verletzungen untersuchen
➤ Mit klarem Wasser spülen
➤ Abgebrochenen oder vollständigen Zahn mit Wurzel in Milch (kein Druckfehler) legen (Seite 56)
➤ Zum Tierarzt (Zahn nicht vergessen)!

Zunge

SYMPTOME

Was hat Ihr Hund?

- ➤ Blutet aus der Mundhöhle
- ➤ Zunge hängt heraus
- ➤ hat Schmerzen
- ➤ Will nicht fressen
- ➤ Speichel läuft aus dem Mund
- ➤ Würgt, schluckt schwer

URSACHE

Was ist passiert?

- Meist besteht Zusammenhang mit anderen Verletzungen der Mundhöhle, etwa beim Spielen mit einem Stock
- Wegen ihrer guten Durchblutung blutet eine verletzte Zunge meist sehr stark.
- Zungenverletzungen sind von außen nicht ohne weiteres sichtbar. Die Verletzung kann sich am Zungengrund tief im Rachen befinden, so dass der Tierarzt vielleicht eine Narkose machen muss, um die Rachenregion des Hundes genauer zu untersuchen.

ACHTUNG

Womit besteht Verwechslungsgefahr?

- Halsentzündung
- Andere Verletzungen in der Mundhöhle

MASSNAHME

Was können Sie tun?

- ➤ Nichts zu fressen geben
- ➤ Mundhöhle auf Verletzungen untersuchen
- ➤ Mit klarem Wasser spülen
- ➤ Zum Tierarzt!

MERKE! *Zungenverletzungen entstehen oft beim Spielen mit Holzstöckchen. Die Stöckchen verkanten im Hundemaul und können abbrechen, so dass ein Holzspan oder Splitter (meist unterhalb der Zunge) eindringen kann. Lassen Sie daher Ihren Hund besser nicht mit Stöckchen spielen, sondern geben Sie ihm einen Hartgummiball oder ähnliches Spielzeug, mit dem er sich nicht verletzen kann.*

... im Rumpfbereich

In diesem Kapitel lesen Sie alles über Notfälle, wie sie bei Erkrankung innerer Organe oder durch äußere Verletzungen im Brust- und Bauchraum vorkommen können.

Das finden Sie in diesem Kapitel

➤ Bei offener Bauchhöhle: Lagern Sie eventuell aus der Bauchhöhle hervorgetretene Bauchorgane wieder zurück. Keine Angst vor Unordnung: Die Därme sortieren sich von alleine wieder in die richtige Lage.

➤ Bei Herzproblemen: Viele Hunde leiden unter massiver Zahnsteinbildung. Die darin enthaltenen Bakterien können die Herzklappen schädigen. Deshalb Mundhöhle auf Verfärbungen der Zähne und rot entzündetes Zahnfleisch prüfen. Notfalls mit Hundezahnbürste und -zahncreme Zähne putzen.

➤ Sowohl Leberversagen als auch Leberentzündung können schleichend verlaufen. Deshalb ist es ratsam, bei älteren Hunden (über 6 Jahren) einmal jährlich einen Blutcheck vom Tierarzt durchführen zu lassen.

➤ Magen-Darm-Entzündung: Prüfen Sie die Hautelastizität, indem Sie mit der Hand eine Hautfalte über dem Rippenbogen bilden (Zeichnung Seite 77). Wenn diese sich nicht nach 3 Sekunden wieder zurückbildet und dem Rippenbogen glatt aufliegt, besteht Flüssigkeitsmangel. Vom Tierarzt beraten lassen!

SYMPTOME

Was hat Ihr Hund?

➤ Niesen, Röcheln, Husten, Würgen, Nasenausfluss (meist einseitig), Erstickungsanfälle

URSACHE

Was ist passiert?

- Beim Stöbern, Schnüffeln oder bei der unkontrollierten Aufnahme von Gegenständen gelangen kleine Fremdkörper in Nase, Kehlkopf, Luftröhre oder sogar Bronchien.
- Häufige Fremdkörper: Grashalme, Tannennadeln, Angelhaken, kleine Holzstückchen, Knorpelteile, Nadeln, Nägel

ACHTUNG

Womit besteht Verwechslungsgefahr?

- Virusinfektionen
- Insektenstiche
- Herzprobleme
- Zu starker Zug am Halsband

MASSNAHME

Was können Sie tun?

➤ Nase und Mundhöhle soweit möglich nach Fremdkörpern untersuchen
➤ Etwas klares Wasser zu trinken geben
➤ Frische Luft
➤ Kein Stress
➤ Zum Tierarzt, auch wenn Sie den Fremdkörper entfernen konnten! Oft braucht es Antibiotika, um einer Wundinfektion vorzubeugen.

MERKE! *Ein kleiner Fremdkörper in der Nase macht sich meist erst nach einigen Tagen bemerkbar. Einseitiger eitriger Nasenausfluss oder ständiges Niesen mit kleineren Blutungen können auf einen solchen Fremdkörper hinweisen.*

Bauchfellentzündung

SYMPTOME

Was hat Ihr Hund?

➤ Schmerzen beim Berühren des Bauchs
➤ Aufgekrümmter Rücken, Fieber, Apathie (Teilnahmslosigkeit)
➤ Fressunlust, Erbrechen

URSACHE

Was ist passiert?

- Das Bauchfell stellt die Innenauskleidung der Bauchhöhle dar. Es ist eine Schleimhaut, die sehr gut durchblutet ist und einen feuchten Film bildet. Das Bauchfell gewährleistet, dass die Organe der Bauchhöhle nicht aneinander festkleben und im Rahmen ihrer Aufhängestrukturen in der Bauchhöhle beweglich sind.
- Bauchfellentzündung wird hervorgerufen durch Fremdkörper im Magen-Darm-Trakt, eröffnete Gebärmutterentzündungen, andere Eiterherde, Eröffnung der Bauchhöhle nach einem Unfall oder eine akute Bauchspeicheldrüsenentzündung.
- Wegen der guten Durchblutung des Bauchfells greifen Entzündungen sehr schnell auf den gesamten Organismus über: Gefahr einer Blutvergiftung (Sepsis).

ACHTUNG

Womit besteht Verwechslungsgefahr?

- Schmerzhafte Erkrankungen des Bewegungsapparates
- Andere fieberhafte Erkrankungen
- Magen-Darm-Entzündung

MASSNAHME

Was können Sie tun?

➤ Fieber messen
➤ Kalte Umschläge oder Cold Packs
➤ Den Hund zum Tragen nicht unter dem Bauch nehmen
➤ Zum Tierarzt!

SYMPTOME

Was hat Ihr Hund?

- ➤ Sichtbare Öffnung am Bauch, Blutung, Schmerzen, ausgetretene Bauchhöhlenorgane (vor allem Darmschlingen oder Fettgewebe)
- ➤ Schock

URSACHE

Was ist passiert?

- Ursache ist Gewalteinwirkung von außen: etwa Autounfälle, Huftritte oder Äste, die sich bei der Jagd durch den Wald in die Bauchhöhle spießen
- Beteiligt sind immer Blutung, Riss der Bauchdecke und im schlimmsten Fall sogar Bauchhöhlenorgane, die aus der Wunde austreten.

ACHTUNG

Womit besteht Verwechslungsgefahr?

- Schock
- Schmerzhafte Erkrankungen der Bauchhöhle
- Blutende Bauchverletzungen ohne offene Bauchhöhle

MASSNAHME

Was können Sie tun?

- ➤ Bei Bewusstlosigkeit, Atem- und Herzstillstand das ABC der Wiederbelebung (Seite 29) durchführen
- ➤ Bauchhöhle mit physiologischer Kochsalzlösung spülen (kein Wunddesinfektionsmittel verwenden!)
- ➤ Bauchhöhlenorgane wenn möglich zurücklagern, sie kehren von alleine wieder in die richtige Lage zurück
- ➤ Wunde mit Mullkompressen bedecken und verbinden
- ➤ Stress vermeiden, zum Tierarzt!

So wird ein Bauchverband angelegt.

Bauchorgane verletzt

SYMPTOME

Was hat Ihr Hund?

- ➤ Schock, dicker und schmerzhafter Bauch
- ➤ Weiße Schleimhäute, Untertemperatur oder Fieber

URSACHE

Was ist passiert?

- Organe der Bauchhöhle sind Magen, Darm, Bauchspeicheldrüse, Leber, Milz, Nieren, Harnblase, Prostata bei männlichen Tieren, Gebärmutter und Eierstöcke bei weiblichen Tieren.
- Verletzungen ohne offene Bauchhöhle durch stumpfe Gegenstände, etwa bei Tritten, Stößen, Autounfällen oder Stürzen aus großer Höhe. Wenn ein verletztes inneres Organ blutet, hat dies Folgen für den gesamten Organismus (Gefahr durch Verbluten in die Bauchhöhle).
- Andere Ursachen wie Tumoren oder Abszesse, durch die innere Organe plötzlich anfangen zu bluten oder sich der Abszessinhalt in die Bauchhöhle ergießt.

ACHTUNG

Womit besteht Verwechslungsgefahr?

- Magen-Darm-Entzündung, Magendrehung
- Gebärmutterentzündung
- Leberversagen, Nierenversagen
- Bauchwassersucht durch Herzerkrankung

MASSNAHME

Was können Sie tun?

- ➤ Bei Koma, Atem- und Herzstillstand das ABC der Wiederbelebung (Seite 29) durchführen
- ➤ Stress vermeiden
- ➤ Beim Transport dem Hund nicht unter den Bauch fassen
- ➤ Schnell zum Tierarzt!

Symptome

Was hat Ihr Hund?

- ➤ Alarmzeichen: Getrunkenes Wasser wird sofort wieder erbrochen
- ➤ Erbrechen, ausbleibender Stuhlgang oder sehr dünnflüssiger Durchfall, schmerzhaft angespannter Bauch, Appetitlosigkeit, Schmerzen beim Berühren des Bauchs
- ➤ Hund nimmt Gebetsstellung (hinten stehen, vorne liegen) ein, um die Bauchhöhle zu entlasten.

Ursache

Was ist passiert?

- Verschluckte Holzstücke, Pflanzenteile, Spielzeuge, Steine oder Knochenteile, die nicht klein genug zernagt worden sind, führen zum Darmverschluss.
- Scharfkantige oder spitze Fremdkörper bleiben im Dünndarm stecken: Durch die verletzte Darmwand gelangen Fäkalbakterien in die Bauchhöhle und verursachen Bauchfellentzündung mit Blutvergiftung und Darmlähmung.
- Massive Verstopfung nach Fütterung von Knochen
- Darmlähmungen nach Unfällen oder Bauchhöhlenoperationen
- Drehung des Dünndarms um die eigene Achse (geschieht bei übermäßiger Bewegung, Durchfall)
- Darminvagination (Ineinanderstülpen von Darmteilen), Verschiebung von Darmteilen (durch bestimmte Erkrankungen) oder Einengungen (Tumore)

Achtung

Womit besteht Verwechslungsgefahr?

- Akute Magen-Darm-Entzündung
- Andere Erkrankungen der Bauchhöhle
- Schmerzhafte Erkrankungen des Bewegungsapparates

Massnahme

Was können Sie tun?

- ➤ Nicht mehr füttern, etwas Wasser trinken lassen
- ➤ Beim Transport nicht unter den Bauch fassen
- ➤ Zum Tierarzt!

Gebärmutterentzündung

SYMPTOME

Was hat Ihr Hund?

➤ Eitriger, eventuell schokoladenfarbener Ausfluss aus der Scheide
➤ Vermehrter Durst, Teilnahmslosigkeit, Appetitlosigkeit, schmerzhafter Bauch
➤ Manchmal Erbrechen und Lahmheit in den Hinterbeinen

URSACHE

Was ist passiert?

- Während der Läufigkeit öffnet sich der Gebärmuttermund, damit Blut abfließt und Spermien eindringen können. Dabei gelangen auch Bakterien durch die Scheide in die Gebärmutter und können zur Entzündung führen.
- Wenn sich nach der Läufigkeit der Muttermund wieder schließt, kann durch Entzündungsprodukte eine Gebärmuttervereiterung (Pyometra) entstehen, die sich im günstigeren Fall öffnet und als eitriger Ausfluss aus der Scheide sichtbar wird.
- Im ungünstigen Fall platzt die Gebärmutter, ergießt Entzündungsprodukte in die Bauchhöhle und führt innerhalb kurzer Zeit zu Bauchfellentzündung, Schock und Blutvergiftung.

ACHTUNG

Womit besteht Verwechslungsgefahr?

- Nierenversagen, Magen-Darm-Entzündung, Schmerzhafte Erkrankungen des Bewegungsapparates, Leberentzündung, Bauchspeicheldrüsenentzündung

MASSNAHME

Was können Sie tun?

➤ Wasser trinken lassen, bei hohem Fieber Cold Packs oder nasskalte Umschläge, beim Transport nicht unter den Bauch fassen, zum Tierarzt!

MERKE! *Der schokoladenfarbene Ausfluss bei Gebärmutterentzündung kann mit Läufigkeitsblut verwechselt werden. Sollte Ihre Hündin außer der Reihe Anzeichen von »Läufigkeit« zeigen: vom Tierarzt kontrollieren lassen!*

Harnwege gestaut

SYMPTOME

Was hat Ihr Hund?

➤ Schmerzen beim Wasserlassen, immer wieder erfolglose Versuche zum Wasserlassen, tröpfchenweiser Absatz von vielleicht blutigem oder missfarbenem Urin, starkes Anspannen des Bauches bei den Versuchen zum Wasserlassen, aufgekrümmter Rücken

URSACHE

Was ist passiert?

- Urin wird in den Nieren produziert, über Harnleiter in die Blase geleitet, dort gesammelt und über die Harnröhre durch Penis oder Scheide entleert. Ist ein Kanal versperrt, staut sich der Harn zurück, eventuell bis zu den Nieren.
- Stauungen in den Harnwegen können durch die Bildung von Steinen (in Niere Harnleiter, Blase oder Harnröhre), Tumoren, Abszesse und andere Entzündungsgeschehen entstehen. Ein länger andauernder Harnstau kann zu Nierenversagen führen. Rüden erkranken wegen ihrer längeren und engeren Harnröhre leichter an einem Harnstau als Hündinnen.
- Bei Hunderassen wie Dackel, Dalmatiner, Zwergschnauzer, Beagle und Mops ist die Steinbildung genetisch bedingt häufiger als bei anderen Rassen.

ACHTUNG

Womit besteht Verwechslungsgefahr?

- Akute Blasen- oder Magen-Darm-Entzündung
- Wehentätigkeit bei der trächtigen Hündin
- Schmerzhafte Prozesse im Bereich von After, Scheide oder Vorhaut

MASSNAHME

Was können Sie tun?

➤ Warm halten, Wasser anbieten oder einflößen, zum Tierarzt!

MERKE! *Fangen Sie auch bei spärlichem Abgang etwas Urin mit einer Suppenkelle (dank langem Stiel erschrecken Hunde nicht) auf und füllen Sie ihn in ein sauberes Marmeladenglas. Der Tierarzt benötigt Urin, um die Erkrankung zu untersuchen.*

Herz

SYMPTOME

Was hat Ihr Hund?

➤ Kollaps, Schwäche, Taumeln, schneller flacher Puls, blasse Schleimhäute, Husten, Atembeschwerden bis zu Erstickungsanfällen
➤ Eventuell: Fieber bei infektiösen Ursachen, dicken und mit Wasser gefüllten Bauch

URSACHE

Was ist passiert?

- Stumpfe Verletzungen bei Autounfällen, Schlag auf die Brustwand, Rippenbrüche, Stich– oder Schussverletzungen
- Herzversagen ohne einen vorausgegangenen Unfall: bei einer Reihe von Erkrankungen, die Herz oder Blutgefäße betreffen

ACHTUNG

Womit besteht Verwechslungsgefahr?

- Schock
- Lungenentzündung, Lungenödem
- Fremdkörper in Kehlkopf oder Luftröhre

MASSNAHME

Was können Sie tun?

➤ Hund ist bewusstlos: auf seiner rechten Seite lagern
➤ Hund ist wach: in der Stellung belassen, die er selbst einnimmt
➤ Frische Luft
➤ Kein Stress
➤ Atmung und Herztätigkeit überwachen, bei Atem– und Herstillstand das ABC der Wiederbelebung (Seite 29) durchführen
➤ Zum Tierarzt!

Auch die Brustlage ist bei Herzproblemen geeignet.

Leberversagen/Leberentzündung

SYMPTOME

Was hat Ihr Hund?

- ➤ Appetitlosigkeit, Speicheln, Erbrechen, Durchfall, Gelbfärbung der Schleimhäute, Fieber, aufgekrümmter Rücken, schmerzhafter Vorderbauch, Flüssigkeit in der Bauchhöhle, Gewichtsverlust, Koma
- ➤ Zittern, Taumeln

URSACHE

Was ist passiert?

- Bakterielle oder virale Infektionen, Vergiftungen, Abszesse, Tumoren, Blutvergiftung, Magen-Darm-Entzündungen, Bauchspeicheldrüsen-Entzündungen, Überdosierung von Medikamenten oder Blutstau nach Herzproblemen sind Ursachen für Leberentzündung oder gar Leberversagen.
- Es bricht der gesamte Stoffwechsel zusammen und Giftstoffe reichern sich mit fatalen Folgen für den Körper an.

ACHTUNG

Womit besteht Verwechslungsgefahr?

- So ziemlich jede andere Erkrankung des Bauchraums
- Zur Diagnose braucht auch der Tierarzt Blutuntersuchungen, Röntgen und Ultraschall

MASSNAHME

Was können Sie tun?

- ➤ Bei Koma und Bewusstseinstrübung: Das ABC der Wiederbelebung (Seite 29) ausführen
- ➤ Stress vermeiden
- ➤ Wärme zuführen (Wärmflasche, Rotlichtlampe, Wollschal um den Bauch)
- ➤ Zum Tierarzt!

Lunge und Rippenbruch

SYMPTOME

Was hat Ihr Hund?

- ➤ Erschwerte Atmung mit Bauchpressen (ähnlich einer Geburtswehe)
- ➤ Schmerzhafte Brustwand
- ➤ Unruhe, Husten, Erstickungsanfall
- ➤ Blaue Zunge und blasse, bläuliche Schleimhäute
- ➤ Hund legt sich nicht, bleibt mit gespreizten Vorderbeinen sitzen
- ➤ Rötlicher oder weißer Schaum tritt aus Nase oder Mundhöhle aus

URSACHE

Was ist passiert?

- Unfälle wie bei Herz beschrieben (Seite 74)
- Ein akutes Lungenödem (Wasseransammlung in der Lunge) mit erschwerter Atmung und Unterversorgung mit Sauerstoff. Folge von Schock, Vergiftung, chronischer Atemwegserkrankung oder Herzproblem

ACHTUNG

Womit besteht Verwechslungsgefahr?

- Lungenentzündung, schwere Bronchitis
- Fremdkörper in Atemwegen

MASSNAHME

Was können Sie tun?

- ➤ Wachen Hund in der Position belassen, die er von selbst einnimmt
- ➤ Bei Bewusstlosigkeit: Hund auf der Brust lagern
- ➤ Bei Atemstillstand das ABC der Wiederbelebung (Seite 29) durchführen
- ➤ Bei blutenden Verletzungen Brustkorbverband (Zeichnung Seite 69)
- ➤ Frische Luft, kein Stress, zum Tierarzt!

Die Brustlage bei Bewusstlosigkeit.

SYMPTOME

Was hat Ihr Hund?

- Durchfall von breiig bis wässrig, von stinkend bis blutig
- Laute Darmgeräusche, die von außen hörbar sind
- Erbrechen, Appetitlosigkeit, Apathie, Fieber, schmerzhafter Bauch, Blähungen

URSACHE

Was ist passiert?

- Bakterien, Viren, Pilze, Parasiten, Vergiftungen, Medikamente, Fremdkörper sowie kaltes, heißes oder falsches Futter kommen für das Entstehen in Betracht.

ACHTUNG

Womit besteht Verwechslungsgefahr?

- Bauchfellentzündung, Leberversagen, Leberentzündung, Vergiftungen

MASSNAHME

Was können Sie tun?

- Mindestens 12 Stunden nicht füttern, aber Wasser oder Kamillentee mit einer Prise Salz zum Trinken geben
- Bei länger andauernden Durchfällen: Elastizität der Haut prüfen (Zeichnung unten)
- Warm halten
- Nach dem Fasten Diät füttern: Etwas Reis oder gestampfte Kartoffeln mit etwas Wasser, gekochtem Huhn oder magerem gekochten Rindfleisch mit einer Prise Salz zu einem Brei verarbeiten.
- Durchfall tritt wieder auf oder verschwindet nicht: zum Tierarzt. Ebenso bei Erbrechen, das länger als 1 Tag anhält.

MERKE! *Welpen reagieren bei Durchfall wesentlich empfindlicher auf Flüssigkeitsverlust als erwachsene Hunde. Deshalb: Tierarzt aufsuchen, wenn Welpen länger als einen Tag Durchfall haben.*

So wird die Elastizität der Haut geprüft.

Magendrehung

SYMPTOME

Was hat Ihr Hund?

➤ Hund versucht zu erbrechen
➤ Dicker Bauch, Atemnot; Schaum, der wie geschlagenes Eiweiß aussieht; rasch sich verschlechterndes Allgemeinbefinden, Schocksymptome (Seite 51)

URSACHE

Was ist passiert?

- Ursache ist die Aufnahme großer Mengen Trockenfutter und Wasser (Quellungs- und Gärungsprozesse im Magen) sowie übermäßige Bewegung nach dem Fressen. Der mit einer Gasblase gefüllte Magen kann sich um seine eigene Achse drehen und dabei alle Zu- und Ausgänge verschließen. Weitere Gasbildung behindert die Atmung. Mit dem Magen verdrehte Blutgefäße führen zu Blutstau und Schock (Seite 51).
- Großwüchsige Hunderassen wie Doggen, Schäferhunde und Schlittenhunde sind besonders anfällig.

ACHTUNG

Womit besteht Verwechslungsgefahr?

- Akute Magen-Darm-Entzündung
- Akute Bauchfellentzündung

MASSNAHME

Was können Sie tun?

➤ Nicht mehr füttern oder trinken lassen
➤ Den Hund in der Lage belassen, die er selbst einnimmt
➤ Beim Transport nicht unter den Bauch fassen
➤ Sofort zum Tierarzt!

MERKE! *Die Magendrehung ist eine hochakute Erkrankung, bei der nur ein sofortiger operativer Eingriff den Hund retten kann.*

Zwerchfellriss

SYMPTOME

Was hat Ihr Hund?

➤ Atemnot, dicker Brustkorb und dünner Bauch, schwacher schneller Puls
➤ Herzgeräusche werden von Darmgeräuschen übertönt
➤ Blaue Zunge, blasse Schleimhäute

URSACHE

Was ist passiert?

- Das Zwerchfell ist eine Muskelplatte, die Brust und Bauchhöhle voneinander trennt. Der Muskel gewährleistet, dass in der Brusthöhle Unterdruck besteht, was wiederum für die Atmung notwendig ist.
- Stumpfe und spitze Verletzungen wie Tritte, Schläge, Stürze aus großer Höhe oder Autounfälle
- Selten: Angeborener Zwerchfellriss wird über Jahre hinweg nicht bemerkt und führt bei plötzlicher Belastung zu akuten Problemen.

ACHTUNG

Womit besteht Verwechslungsgefahr?

- Lungenentzündung
- Herzerkrankungen

MASSNAHME

Was können Sie tun?

➤ Bei Atemstillstand das ABC der Wiederbelebung (Seite 29) durchführen
➤ Bei Bewusstlosigkeit Hund vorne höher als hinten lagern
➤ Wachen Hund in der Haltung belassen, die er selbst einnimmt
➤ Frische Luft
➤ Zum Tierarzt!

Die Brustlagerung ist bei Bewusstlosigkeit geeignet.

... des Bewegungsapparates

Unter Bewegungsapparat versteht man sämtliche Teile des Körpers, die der Fortbewegung dienen. Hierzu gehören Knochen, Gelenke, Sehnen, Muskeln, Bänder und auch Bandscheiben.

Das finden Sie in diesem Kapitel

- Immer wieder wird Ihnen das »Cold Pack« begegnen. Diese kleinen vorgefertigten Eisbeutel sind ein wichtiger Bestandteil Ihrer Tierapotheke, denn sie sind äußerst hilfreich bei der Kühlung und Schmerzstillung verletzter Teile des Bewegungsapparates. Salben und Lotionen benetzen meist nur das Fell und gelangen nicht bis an die Haut.
- Bandscheibenvorfall: Wenn Ihr Hund bereits längere Zeit bei Berührung im Bereich des Rückens schmerzhaft reagiert, kann ein chronisches Bandscheibenproblem bestehen.
- Gelenkverletzung: Untersuchen Sie Ihren Hund wie in der Schnelldiagnosetafel »Lahmheit« (Seite 36) beschrieben und legen Sie bei blutenden Verletzungen oder wenn Gelenkflüssigkeit austritt einen Verband an.
- Ob eine Sehnen-, Muskel- oder Bänderverletzung vorliegt, kann nur der Tierarzt entscheiden.
- Merkwürdig abstehende, ausgekugelte oder verrenkte Körperteile sollten Sie nicht selbst, sondern kann nur der Tierarzt behandeln. Weil das Einrenken äußerst schmerzhaft ist, braucht es dazu eine Vollnarkose.
- Knochenbruch: Da Hunde nicht an Krücken laufen können und Gipsverbände meist nicht tolerieren, werden Knochenbrüche sehr häufig mit Platten, Nägeln oder Schrauben operativ versorgt.

Bänder, Muskeln und Sehnen

SYMPTOME

Was hat Ihr Hund?

- ➤ Blutung, Schwellung, Schmerzhaftigkeit
- ➤ Lahmheit, unnatürliche Bewegungen
- ➤ Bei Bänder- oder Sehnenriss: Symptome wie bei Knochenbruch (Seite 84)

URSACHE

Was ist passiert?

- Meist nach Stößen, Quetschungen oder Überdehnungen
- Schnittwunden, Schussverletzungen, tiefe Bisswunden
- Wenn diese Verletzungen nicht stark bluten, sind sie auch nicht lebensgefährlich

ACHTUNG

Womit besteht Verwechslungsgefahr?

- Knochenbrüche, Knochenhautentzündung
- Zerrungen, Quetschungen
- Rheuma, Arthrose

MASSNAHME

Was können Sie tun?

- ➤ Bei offenen Verletzungen: Wunde reinigen und desinfizieren, Verband anlegen (Seite 23), Cold Pack auflegen
- ➤ Bei geschlossenen Verletzungen: Cold Pack, Verband zum Ruhigstellen der betroffenen Region
- ➤ Zum Tierarzt!

Merke! *Sehnenrisse müssen umgehend behandelt werden (abgerissene Sehnenstümpfe müssen zusammengenäht werden). Bei Lahmheit spätestens nach 2 Tagen zum Tierarzt!*
Bei bestimmten Hunderassen kommen Bandverletzungen besonders häufig vor: Kreuzbandrisse im Kniegelenk sind vor allem bei sehr muskulösen großen Hunden wie Rottweilern, Bullterriern und Berner Sennhunden verbreitet.

Bandscheibenvorfall

SYMPTOME

Was hat Ihr Hund?

➤ Plötzliche Lähmung der Hinterbeine, schmerzhaft aufgekrümmter Rücken, Hund zeigt Schmerz bei Berührung seines Rückens
➤ steht schlecht auf, läuft keine Treppen mehr, unsicherer schwankender Gang, kann Harn und Kot nicht mehr absetzen
➤ Teilweise oder vollständiger Verlust des Zwischenzehenreflexes (Seite 28) in den Hinterbeinen

URSACHE

Was ist passiert?

- Die knorpeligen Bandscheiben (Zwischenwirbelscheiben) dämpfen Stöße zwischen den einzelnen Wirbeln. Sie bestehen aus einem weichen Kern und einer harten ringförmigen Schale. Bandscheiben können unelastisch werden, sich aus ihrer Lage verschieben und auf das Rückenmark drücken.
- Dieser Druck führt zu Schmerzen, Bewegungsstörungen, Lähmungen bis hin zur vollständigen Querschnittslähmung.
- Besonders betroffene Rassen sind Dackel (»Dackellähme«), Pudel, Pekinese, Dobermann und Dogge.

ACHTUNG

Womit besteht Verwechslungsgefahr?

- Andere schmerzhafte Veränderungen im Bereich der Wirbelsäule
- Schmerzhafte Erkrankungen im Bereich der Bauchhöhle

MASSNAHME

Was können Sie tun?

➤ Jede Art von Wärme tut gut: Decke, Heizdecke, Rotlichtlampe
➤ Hund ruhig halten (nicht springen lassen, über Treppen tragen)
➤ Zum Tierarzt!

Gelenksverletzungen

Symptome

Was hat Ihr Hund?

➤ Ein Gelenk ist heiß, verdickt, eventuell tritt Blut oder Gelenkflüssigkeit aus
➤ Lahmheit, Schmerzen

Ursache

Was ist passiert?

- Bei offenen Gelenksverletzungen gibt es ein sichtbares Loch in der Haut, durch das manchmal die gelbliche, fadenziehende Gelenkflüssigkeit austritt.
- Bei gedeckten Gelenksverletzungen ist die Haut unverletzt. Durch äußere Einwirkung kommt es zu Blutung im Gelenk, Gelenkkapselriss oder Bänderriss.

Achtung

Womit besteht Verwechslungsgefahr?

- Verstauchung, Prellung, Arthrose
- Wachstumsstörungen bei jungen Hunden

Massnahme

Was können Sie tun?

➤ Bei offenen Verletzungen: Wunde reinigen und desinfizieren, Verband anlegen (Seite 23), Cold Pack auflegen, Hund ruhig halten (anbinden, über Treppen tragen, nicht springen lassen)
➤ Bei gedeckten Verletzungen: Cold Pack, Verband zur Ruhigstellung
➤ Zum Tierarzt!

Merke! *Gelenksverletzungen sollten, wann immer möglich, mit einem Verband ruhiggestellt werden. Durch Blutungen im Gelenk kann es zu Störungen des Gelenkstoffwechsels, Absterben von Gelenkknorpel und nachfolgend zu einer Arthrose (Seite 94) kommen.*

Knochenbruch, Verrenkung

SYMPTOME

Was hat Ihr Hund?

- ➤ Bei Knochenbruch: hochgradige Lahmheit, Schwellung und große Schmerzen im betroffenen Gebiet, Knochen sehen verschoben aus, Gliedmaßen stehen merkwürdig ab oder hängen herunter
- ➤ Verrenkung: Symptome wie Knochenbruch, aber im Bereich von Gelenken

URSACHE

Was ist passiert?

- Knochenbruch: Meist nach äußerer Gewalteinwirkung. Ausnahme: Knochen sind durch Tumor oder Störung des Knochenstoffwechsels porös. Nicht jeder Knochenbruch ist von außen erkennbar, etwa wenn die Bruchenden in korrekter Stellung zueinander stehen oder die umgebende Knochenhaut noch intakt ist (Grünholzfraktur bei jungen Hunden).
- Verrenkung: Nicht jede merkwürdig abstehende Gliedmaße ist ein Knochenbruch: Wenn sich durch äußere Einwirkung die Gelenkflächen gegeneinander verschieben, kugelt manchmal das Gelenk aus. Bei Hunden sind meist die Hüftgelenke betroffen.
- Genaue Diagnose erst nach Röntgenaufnahme beim Tierarzt möglich.

ACHTUNG

Womit besteht Verwechslungsgefahr?

- Knochenhautentzündung, Blutergüsse, Prellungen, Abszesse

MASSNAHME

Was können Sie tun?

- ➤ Ruhig lagern, anbinden
- ➤ Cold Pack auflegen zum Abschwellen und zur Schmerzstillung
- ➤ Bei eindeutigem Knochenbruch Schienenverband anlegen (Seite 22)
- ➤ Zum Tierarzt!

Geschienter Verband siehe Seite 22.

... rund um die Geburt

Eine gesunde Hündin schafft die Geburt ihrer Welpen normalerweise alleine. Nur in Ausnahmefällen müssen Sie helfend eingreifen. Informieren Sie sich deshalb schon längere Zeit vor der Geburt auf den folgenden Seiten über die Komplikationsmöglichkeiten und halten Sie die Tierapotheke (Seite 7) und die Telefonnummer Ihres Tierarztes bereit. Üben Sie auch wichtige Handgriffe vorher.

Das finden Sie in diesem Kapitel

Der normale Geburtsverlauf

- Unruhe, Hecheln und das Zurückziehen der Hündin in die Wurfkiste kündigt die nahe Geburt an.
- Bis zu 12 Welpen werden im Abstand von einer halben bis einer Stunde mit Kopf oder Hinterteil voran geboren. Sie befinden sich in Fruchthüllen, einer weißlichen und schleimigen Haut die mit der Nabelschnur gleich nach der Geburt von der Mutter durchgebissen und gefressen werden. Je nach Rasse und Anzahl der Welpen kann es 10 bis 12 Stunden dauern.
- Die Nachgeburt enthält Hormone für die Milchbildung und ein zügiges Voranschreiten der Geburt. Hindern Sie deshalb die Hündin keinesfalls am Fressen der Nachgeburt.
- Nabelt die Hündin ihre Welpen selbst ab, desinfizieren Sie trotzdem den Nabelschnurstumpf und kontrollieren Sic die Länge (Seite 90).
- Die Nabelschnur trocknet im Laufe der ersten Lebenswoche ein und fällt dann ab. Passiert dies nicht oder schwillt die Nabelgegend an, weil die Hündin ihre Welpen dauernd ableckt, sollten Sie den Tierarzt aufsuchen.

Während der Trächtigkeit

SYMPTOME

Was hat Ihr Hund?

➤ Schmerzhafter Bauch, Fieber, Apathie
➤ Fressunlust, vermehrter Durst
➤ Eventuell Scheidenausfluss

URSACHE

Was ist passiert?

- Die Trächtigkeitsdauer beim Hund beträgt 60 bis 65 Tage. Durch die in der Gebärmutter heranwachsenden Welpen nimmt die Hündin je nach Wurfgröße rasch zu. Die Gebärmutter besteht aus dem birnenförmigen Körper und den beiden Gebärmutterhörnern.

Während der Trächtigkeit kann es zu folgenden Notfallsituationen kommen:

- Verdrehung der Gebärmutterhörner
- Infektion der Welpen
- Absterben der Welpen in der Gebärmutter

ACHTUNG

Womit besteht Verwechslungsgefahr?

- Magen-Darm-Infektionen
- Bauchfellentzündung
- Bauchspeicheldrüsenentzündung

MASSNAHME

Was können Sie tun?

➤ Wasser trinken lassen
➤ Vergewissern, ob nicht die Geburt beginnt
➤ Fieber messen
➤ Zum Tierarzt!

MERKE! *Auch Sie müssen sich auf eine eventuell bevorstehende Geburt einstellen. Wenn Sie nicht sicher sind, ob ihre Hündin trächtig ist, sollten Sie den Tierarzt aufsuchen und die Hündin untersuchen lassen. Der Tierarzt wird hierbei den Bauch Ihrer Hündin abtasten, eine Röntgenaufnahme machen oder eine Ultraschalluntersuchung vornehmen.*

Wehenschwäche

SYMPTOME

Was hat Ihr Hund?

➤ Hecheln, Ausfluss aus der Scheide
➤ Wehen anfangs sichtbar, dann schwächer werdend
➤ Geburt ist seit mehr als 1 Stunde erfolglos im Gang (siehe unten)

URSACHE

Was ist passiert?

- Wehenschwäche liegt dann vor, wenn die Hündin sich in ihre Wurfkiste zurückgezogen hat, die Scheide angeschwollen ist, Fruchtwasser oder grünliche Flüssigkeit aus der Scheide abgeht und dann über mehr als 1 Stunde kein Welpe geboren wird.
- Wurfpausen, also wenn nach dem Werfen einiger Welpen in halbstündigem Abstand bis zu 3 Stunden nichts mehr geschieht, sind keine Wehenschwäche.
- Hunderassen wie Mops, Yorkshire Terrier, Chihuahua neigen besonders häufig zu Einzelwelpen oder Welpen mit besonders großen Köpfen. Auch hier liegt keine Wehenschwäche vor.

ACHTUNG

Womit besteht Verwechslungsgefahr?

- Bei gesicherter Trächtigkeit: keine

MASSNAHME

Was können Sie tun?

➤ Wasser trinken lassen, Stress vermeiden, beim Transport nicht unter den Bauch fassen, schnell zum Tierarzt!

MERKE! *Wehen erkennen Sie daran, dass der Bauch in regelmäßigen Abständen hart wird, die Hündin hechelt und immer wieder so presst, als ob sie Stuhl absetzen wollte.*

Welpe bleibt stecken

SYMPTOME

Was hat Ihr Hund?

➤ Hecheln und Presswehen, ohne dass ein Welpe geboren wird

➤ Fruchtwasser ist abgegangen, Geburt hat begonnen, Fruchtblase oder Welpenteile sind im Geburtskanal sichtbar

URSACHE

Was ist passiert?

- Bei Hündinnen mit schwachen Wehen, zu großen Welpen
- Erstgebärende

ACHTUNG

Womit besteht Verwechslungsgefahr?

- Keine

MASSNAHME

Was können Sie tun?

Wenn bereits Fruchtwasser abgegangen ist und Sie einen Welpen im Geburtskanal stecken sehen:

➤ Hände waschen und desinfizieren, mit etwas Creme oder Öl gleitfähig machen

➤ Eine intakte Fruchtblase mit dem Fingernagel einritzen, eröffnen und den Kopf des Welpen von Schleim befreien

➤ Möglichst mit Hündin zusammen während der Presswehen vorsichtig am Welpen ziehen, dabei mit der anderen Hand den Damm (oberer Teil der Scheide) etwas zurückhalten (Zeichnung)

➤ Falls nach 10 Minuten kein Erfolg: zum Tierarzt!

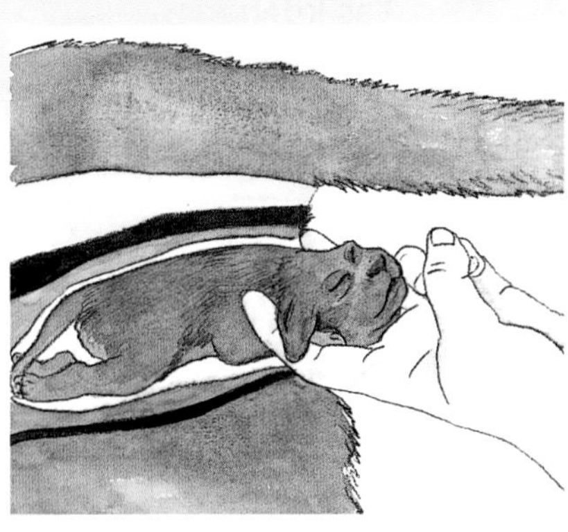

So wird am Welpen gezogen.

SYMPTOME

Was hat Ihr Hund?

- Fieber, stinkender Scheidenausfluss, Apathie, schmerzhafter Bauch
- Keine Lust auf Fressen, aber trinkt viel
- Hündin hat wenig oder keine Milch
- Hündin kümmert sich nicht um ihre Welpen
- Hündin lässt wegen Bauchschmerzen die Welpen nicht trinken
- Hündin leckt sich permanent die Scheide

URSACHE

Was ist passiert?

- Durch verbliebene Welpen oder Nachgeburtsreste kann es zu einer Infektion der Gebärmutter kommen. Grünlich brauner, oft auch schleimiger Ausfluss gehört zum Nachgeburtsekret und ist bis etwa 1 Woche nach der Geburt normal.
- Ausfluss, der eine andere Färbung aufweist, übel riecht und wenn Fieber über 39,0 °C auftritt, weist auf eine Infektion hin.

ACHTUNG

Womit besteht Verwechslungsgefahr?

- Normales Nachgeburtssekret
- Entzündungen der Milchdrüsen

MASSNAHME

Was können Sie tun?

- Wasser trinken lassen oder einflößen
- Beim Transport nicht unter den Bauch fassen
- Mit Hündin und Welpen zum Tierarzt!

MERKE! *In der Gebärmutter verbliebene Welpen können auch erst nach einigen Tagen zu einer Störung des Allgemeinbefindens führen. Aus diesem Grund lassen viele Hundebesitzer sicherheitshalber nach der Geburt eine Röntgen- oder Ultraschalluntersuchung durchführen. Nur so kann man sicher sein, dass dieses Problem nicht auftritt.*

Welpenversorgung

Wenn die Hundemutter tot, aggressiv, ohne Milch (etwa nach Kaiserschnitt) oder unerfahren (Erstgebärende) ist, müssen Sie eventuell diverse Aufgaben übernehmen.

Welpen aus der Fruchtblase befreien

Mit Fingernagel vorsichtig die Fruchthülle aufreißen und mit den Fingern die Schleimschicht vom Welpen herunterstreichen. Wichtig ist, allen Schleim und alle Fruchtblasenfetzen vom Kopf sorgfältig zu entfernen, damit der Welpe atmen kann.

Welpen abnabeln

Hände waschen und desinfizieren. Nabelschnur mit einem Bindfaden so abbinden, dass das Nabelstück am Welpen etwa 3 cm lang ist. Eine zu lang belassene Nabelschnur kann sich um ein Beinchen des Welpen wickeln und dieses abschnüren. Nun die Nabelschnur mit einer Schere durchtrennen. Den Bindfaden am Nabelschnurende des Welpen belassen.

Welpe ohne Lebenszeichen

Zeigt ein Welpe nach der Geburt keine Lebenszeichen (Seite 28), gehen Sie wie folgt vor:

➤ **Atemwege freilegen.** Nase und Maul des Welpen von Fruchtwasser und Fruchthüllen befreien. Fruchtwasser und Schleim aus den Atemwegen absaugen. Dazu Näschen in den Mund nehmen und daran saugen. Auch wenn man hinterher etwas Schleim im Mund hat, ist das die beste Methode, die Atemwege schnell frei zu bekommen.

➤ **Atmung anregen.** Welpen mit sauberem Handtuch kräftig rubbeln. Hilft dies nicht, Welpen kurz unter kaltes Wasser halten (um den Kreislauf anzuregen) und wieder trocken rubbeln. Wenn keine Lebenszeichen zu sehen sind, den Welpen vorsichtig beatmen (Seite 30). Bedenken Sie, dass die Lunge des Welpen sehr klein ist: Also vorsichtig und nur kurz Luft einblasen, dabei eine sanfte Herzmassage (Seite 33) durchführen.

Bei der Geburt

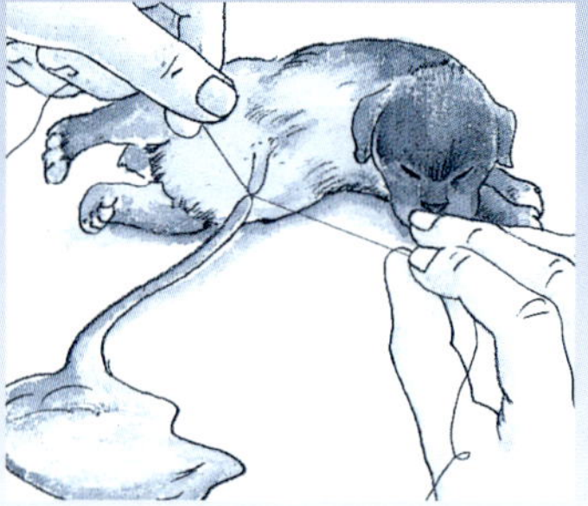

So wird die Nabelschnur durchtrennt.

Aufzucht ohne Mutter

Der beste Ersatz für eine Hundemutter ist eine Amme: Eine Mutter mit kleinem Wurf oder eine scheinträchtige Hündin, die auf Grund ihrer Scheinträchtigkeit Milch hat. Leider wird man nur selten fündig, so dass Sie als Besitzer die Mutterrolle selbst übernehmen müssen.

➤ **Was brauche ich?** Kleine Fläschchen mit Gummisauger und Welpenmilch (als Set bei Tierarzt oder im Zoofachhandel erhältlich).

➤ **Wie füttere ich?** Die Milch sollte etwa 37 °C warm sein. Zum Füttern den Welpen auf den Unterarm legen, damit er sich wie am Mutterbauch fühlt. Oft akzeptieren die Welpen den Gummisauger nicht sofort, etwas Milch ins Mäulchen träufeln hilft. Beim Trinken massieren die Welpen mit den Beinchen das Gesäuge der Mutter.

➤ **Wie viel füttere ich?** Pro Tag nimmt ein Welpe ein Drittel seines Körpergewichts an Milch auf. Nach der Mahlzeit sollte das Bäuchlein prall gefüllt sein und der Welpe nicht mehr wimmern.

➤ **Wie oft füttere ich?** In den ersten 2 Lebenswochen alle 2 Stunden füttern. Bei kräftigen Welpen können Sie eine nächtliche Pause von 4 Stunden einlegen. Danach je nach Zustand der Welpen alle 4 Stunden.

➤ **Wann aufhören?** Ab der 4. Lebenswoche können Sie Grießbrei, Haferflockenbrei, Hüttenkäse, mageres Fleisch und Reis (zu Brei verarbeitet) zufüttern, sollten die Flaschenfütterung bis zur 6. Lebenswoche jedoch beibehalten. Bei ausreichender Zufütterung können Sie ab der 4. Lebenswoche den nächtlichen Stress vergessen.

➤ **Was muß ich beachten?** Vom Ablecken der Mutter angeregt, setzen die Welpen Kot und Urin ab. Ist die Hündin aggressiv oder desinteressiert, massieren Sie dem Welpen nach der Fütterung sanft das Bäuchlein, damit Harnblase und Darm sich entleeren können.

Warme Kinderstube

Die Welpen nicht mit einer Rotlichtlampe wärmen: Sie können nicht wegkriechen, wenn es zu heiß wird und gefährliche Überhitzung oder gar Verbrennungen erleiden. Stattdessen den Raum gut heizen, das Welpenbett auf Heizdecke oder Heizkissen platzieren und auf gute Isolierung von unten (etwa mit Styropor; Decken) achten.

Sach- und Beschwerdenregister

Halbfett gedruckte Seitenzahlen verweisen auf Abbildungen.

Glossar

Abszess: mit Höhlenbildung verbundene Eiteransammlung im Gewebe, die meist von Bakterien verursacht wird.

Arterie: Blutgefäß, das vom Herzen zu den Organen führt. Transportiert sauerstoffreiches Blut und steht durch die regelmäßige Pumpbewegung des Herzens unter Druck.

Arthrose: Gelenkleiden, bei dem Veränderungen am Gelenkknorpel zu Wucherungen, Bewegungsstörungen und Schmerzen führen.

Bauchfell (Peritoneum): Die Schleimhaut des Bauchraums. Sie stellt die Innenauskleidung der Bauchhöhle dar und sorgt dafür, dass Bauchorgane wie der Darm nicht an der Bauchwand festkleben.

Desinfektion: Abtötung oder Entfernung aller Keime wie Bakterien, Viren, Pilze. Die in der Humanmedizin gebräuchlichen Sprays und alkoholischen Lösungen erschrecken Tiere (Zischen der Sprays) oder veranlassen durch den brennenden Schmerz unkontrollierbares Verhalten.

Fruchtwasser: Flüssigkeit der Gebärmutter, die den Welpen während der Tragzeit umgibt, um ihn vor Schlägen oder Stößen abzupuffern. Dient gleichzeitig als Gleitmittel während der Geburt.

Gebärmuttermund: Übergang von der Scheide zur Gebärmutter.

Knochenhaut (Periost): Dünne, dem Knochen anliegende Haut, die für den Knochenstoffwechsel und die Knochenheilung zuständig ist.

Kochsalzlösung, physiologische: Sterile Lösung aus Wasser und Kochsalz, deren Säurewert (pH-Wert) dem des Blutes entspricht. Sie wird als Erstmaßnahme bei Flüssigkeits-, Blut- und/oder Mineralstoffverlust intravenös verabreicht.

Lefzen: Bezeichnung für die Lippen des Hundes.

Mullkompressen: Meist quadratische, in verschiedenen Größen erhältliche, fusselfreie Gewebeabschnitte aus Baumwolle. Sie sind steril verpackt und eignen sich für alle Verbände, bei denen eine offene Wunde bedeckt werden soll.

Nachgeburt: Umfasst den Mutterkuchen, die Eihüllen, Nabelschnurreste sowie Anteile der Gebärmutterschleimhaut, die direkt mit dem Welpen oder kurz nach dessen Geburt ausgestoßen werden.

Polsterwatte, synthetische: Besteht aus gerollten Wattelagen von synthetischem Material. Lässt sich bei Verbänden besser verarbeiten als Verbandswatte, da sie weniger fusselt.

Puls: Anstoß der Blutwelle an der Arterienwand. Die Blutwelle wird durch die Pumpbewegung des Herzens verursacht.

Reanimation: Alle Maßnahmen, die bei einem Herz- und/oder Atemstillstand dazu dienen, die Hirndurchblutung aufrecht zu erhalten und eine Minimalversorgung des Organismus mit Sauerstoff zu gewährleisten.

Rheuma: Sammelbegriff für schmerzhafte Erkrankungen des Bewegungsapparates, die durch eine Störung im Immunsystem verursacht werden.

Vetrap®-Binde: Produktbezeichnung für eine in der Veterinärmedizin gebräuchliche selbst haftende Binde. Alternativ geeignet: Peha Haft®, Flexus® oder ähnliche.

Wehe: Rhythmisches Zusammenziehen der Gebärmuttermuskulatur während der Geburt.

Wasserstoffperoxid: Flüssigkeit mit der chemischen Formel H_2O_2, auch Wasserstoffsuperoxid genannt. Wird zur Desinfektion der Raumluft und zur Wundreinigung eingesetzt.

Adressen

Dachverbände

- Fédération Cynologique Internationale (FCI), 13 Place Albert I, B-6530 Thuin/Belgien.
- Verband für das Deutsche Hundewesen e.V. (VDH), Postfach 104154, 44041 Dortmund
- Schweizerische Kynologische Gesellschaft (SKG/SCS), Länggaßstr. 8, CH-3001 Bern
- Österreichischer Kynologenverband (ÖKV), Johann-Teufel-Gasse 8, A-1230 Wien

Bei allen Adressen gibt es Informationen über Hundevereine, Züchter, Kurse, Ausstellungen

Erste-Hilfe-Kurse

Bundestierärztekammer, Oxfordstr. 10, 53111 Bonn.

Führt Liste von Tierärzten, die regelmäßig Erste-Hilfe-Kurse für Hunde anbieten.

Fragen zur Hundehaltung

Ihr Zoofachhändler und der Zentralverband Zoologischer Fachbetriebe Deutschlands e.V., 63225 Langen, Tel. 06103-910732 (nur telefonische Auskunft möglich)

Haftpflichtversicherung

Bei fast allen Gesellschaften auch für Hunde erhältlich.

Krankenversicherung

- Uelzener Allgemeine Versicherungsgesellschaft AG, Postfach 2163, 29511 Uelzen
- AGILA Haustier-Krankenversicherung AG, Breite Str. 6–8, 30159 Hannover

Registrierung von Hunden

- Haustier-Zentralregister für die BRD e.V. (TASSO), Postfach 1423, 65783 Hattersheim
- IFTA Internationale Zentrale für Tierregistrierung, Weiherstr. 8, 88145 Hergatz
- Deutsches Haustierregister, Baumschulallee 15, 53115 Bonn

Wer seinen Hund vor Tierfängern und dem Tod im Versuchslabor schützen will, kann ihn hier registrieren lassen.

24-Stunden-Hilfe bei Vergiftung

- Giftinformationszentrum Nord, Universität Göttingen, Robert-Koch-Str. 40, 37075 Göttingen, Tel. 0551-19240
- Giftnotruf München, Med. Klinik Rechts der Isar, Ismaninger Str. 22, 81675 München, Tel. 089-19240

Zeitschriften und Broschüren

- Der Hund. Deutscher Bauernverlag GmbH, Brunnenstr. 128, 13355 Berlin
- Partner Hund. Gong Verlag, Nordendstr. 64, 80801 München
- Unser Rassehund. Herausgegeben vom Verband für das Deutsche Hundewesen e.V., Postfach 104154, 44041 Dortmund

Bücher, die weiterhelfen

(alle Titel: Gräfe und Unzer Verlag, München)

Ludwig, G.: Mein Hund macht, was er will.

Ludwig, G.: Mit dem Hund spielen und trainieren.

Schlegl-Kofler, K.: Hundeschule für jeden Tag

Schlegl-Kofler, K.; Wegler, M.: Der Hund.

Stein, P.: Naturheilpraxis Hunde.

Waniorek, L.: Wenn mein Hund älter wird.

Waniorek: L.: Fitnessplaner für den Hund.

Wegler, M.: Hunde.

Ihr Gräfe und Unzer Verlag
Redaktion Natur
Postfach 86 03 25
81630 München
Fax: 089/41981-113
e-mail:
leserservice@graefe-und-unzer.de

Die Autorin

Dr. Anne Warrlich ist Tierärztin und hält neben ihrer Tierarztpraxis Vorträge und Seminare zum Thema Erste Hilfe für Hunde. Sie schreibt regelmäßig für verschiedene tierärztliche Fachzeitschriften und die Tagespresse.

Der Zeichner

György Jankovics studierte Grafik an den Kunstakademien von Budapest und Hamburg. Für viele Titel bei GU und weiteren angesehenen Verlagen lieferte er bereits Zeichnungen zu Tier- und Pflanzenthemen.

Die Fotografin

Christine Steimer, selbst Hundehalterin, hat sich nach der Fotografenlehre und einem Volontariat bei dpa 1990 auf die Heim- und Haustierfotografie spezialisiert. Sie arbeitet für internationale Buchverlage, Fachzeitschriften und Werbeagenturen. Alle Aufnahmen in diesem Buch stammen von Christine Steimer.

Fotos auf dem Buchumschlag

Umschlagvorderseite: Ein Pfotenverband wird angelegt
Umschlagrückseite: Border Collie (oben); Pulsmessung (Mitte); Zuwendung nach einem Unfall (unten).

Impressum

Redaktion: Sabine Schulz, Kurt Gallenberger
Umschlaggestaltung: independent Medien-Design, München
Layout: Antje Blees, Henning Bornemann, München
Produktion: Ute Hausleiter
Satz: Johannes Kojer, München
Reproduktion: Repro Schmidt, Dornbirn
Druck: Appl, Wemding
Bindung: Großbuchbinderei Monheim
Printed in Germany

ISBN 3-7742-1606-1

Auflage	4.	3.	2.	1.
Jahr	03	02	01	2000

Wichtiger Hinweis

Die Ratschläge und Behandlungsmethoden in diesem GU Ratgeber beruhen auf langjährigen Erfahrungen der Autorin. Da jeder Fall individuell zu behandeln ist, kann nicht jede Aussage uneingeschränkt gültig sein. Das Buch erhebt trotz sorgfältiger und umfassender Darstellung keinen Anspruch auf Vollständigkeit. Bei Komplikationen ist deshalb unbedingt der Tierarzt aufzusuchen. Achten Sie bei Erste Hilfe Maßnahmen beim Hund auf ausreichende Hygiene. Sollten Sie dabei selbst verletzt werden, gehen Sie im Zweifelsfall zum Arzt.

Organsystem des Hundes

1 Rachen
2 Zunge
3 Luftröhre
4 Herz
5 Leber
6 Milz
7 Dünndarm
8 Penis
9 Hoden
10 Samenleiter
11 Enddarm
12 Blase
13 Harnleiter
14 Nieren
15 Magen
16 Lunge
17 Speiseröhre
18 Kehlkopf

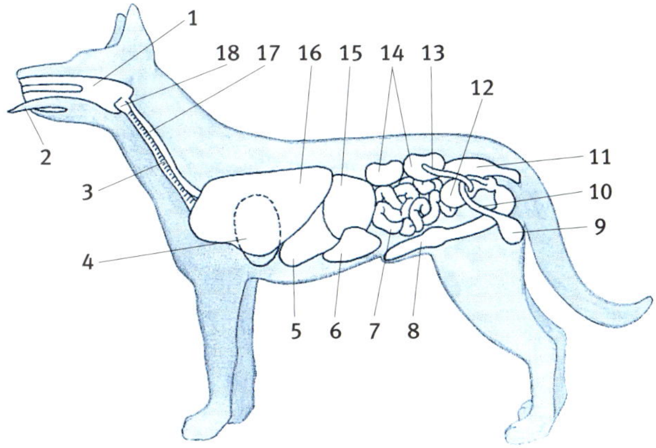

Skelett des Hundes

1 Schädel
2 Oberkiefer
3 Unterkiefer
4 Halswirbelsäule
5 Schulterblatt
6 Schultergelenk
7 Oberarm
8 Ellenbogengelenk
9 Unterarm mit Elle und Speiche
10 Mittelhand
11 Handwurzelgelenk
12 Brustkorb
13 Kniegelenk
14 Mittelfuß
15 Sprunggelenk mit Ferse
16 Unterschenkel mit Schien- und Wadenbein
17 Oberschenkel
18 Hüftgelenk
19 Schwanzwirbelsäule
20 Becken
21 Wirbelsäule
22 Zehen

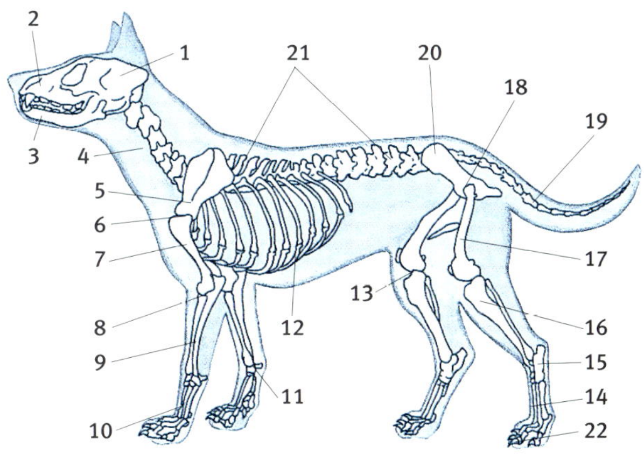